U0162549

印度洋
蓝色经济治理研究

崔文星 · 著

时事出版社
北京

图书在版编目（CIP）数据

印度洋蓝色经济治理研究／崔文星著. —北京：时事出版社，2023.5
ISBN 978-7-5195-0537-0

Ⅰ. ①印… Ⅱ. ①崔… Ⅲ. ①印度洋—海洋经济—经济发展—研
究 Ⅳ. ①P74

中国国家版本馆 CIP 数据核字（2023）第 021696 号

出 版 发 行：时事出版社
地　　　　址：北京市海淀区彰化路 138 号西荣阁 B 座 G2 层
邮　　　　编：100097
发 行 热 线：(010) 88869831　88869832
传　　　　真：(010) 88869875
电 子 邮 箱：shishichubanshe@ sina. com
网　　　　址：www. shishishe. com
印　　　　刷：北京良义印刷科技有限公司

开本：787×1092　1/16　印张：16.5　字数：245 千字
2023 年 5 月第 1 版　2023 年 5 月第 1 次印刷
定价：98.00 元
（如有印装质量问题，请与本社发行部联系调换）

本书出版得到上海对外经贸大学
南亚和印度洋研究中心的资助

▭目录
Contents

第一篇　概论

第二篇　区域国别

第三篇　重点议题

目　录

第一篇

概　　论

第一章 蓝色经济治理概述

2012 年 6 月 20 日至 22 日在巴西里约热内卢举行的"里约 +
20"联合国可持续发展会议重点关注的主题是如何进一步完善可
持续发展的制度框架以及推进绿色经济概念。绿色经济被认为有
助于消除贫困、实现经济的可持续增长、增进社会包容、改善人
类福祉、为所有人创造体面工作的机会，同时维持地球生态系统
的健康运转。① 在这次会议的筹备过程中，许多沿海国家对绿色经
济概念在本国的适用性提出了质疑，并主张对蓝色经济予以更多
的强调。有关蓝色经济的讨论与研究正是在此背景下逐渐发展起
来的。

第一节 蓝色经济概述

蓝色经济是相对较新的概念，自 2012 年"里约 + 20"会议以来
得到日益广泛的应用。然而，尽管它受到政策制定者和公众日益密
切的关注，但对该术语的解释尚未达成一致。

---

① UNCSD, "The Future We Want", Resolution adopted by the General As-
sembly on 27 July 2012, para 2.

一、蓝色经济的概念

（一）蓝色经济的不同定义

世界银行将蓝色经济定义为："为实现经济增长、改善生计和就业，以及保护海洋生态系统健康而对海洋资源的可持续利用。"[①] 经济学人智库认为："蓝色经济是一种经济活动与海洋生态系统支持这一活动并保持弹性和健康的长期能力相平衡的经济。"[②] 环印度洋联盟（以下简称环印联盟）认为蓝色经济"将海洋经济开发与社会包容、环境可持续性和创新与活力的商业模式相结合"。[③] 亚太经济合作组织将蓝色经济视为"促进海洋资源和生态系统可持续管理和保护的一种方法"。[④] 在中国，蓝色经济主要是指"依赖于海洋或与海洋相关的环境友好型产业和经济"。[⑤] 综合来看，对"蓝色经济"的界定从狭义上侧重于利用海洋促进经济的可持续发展，可以被视作绿色经济的一个子集；从广义上则可用来指与海洋有关的任何经济活动，既包括石油和天然气开采等传统海洋经济部门，也包括海上风电等新兴海洋经济部门。

[①] The World Bank, "What is the Blue Economy?", June 6, 2017, https: // www. worldbank. org/en/news/infographic/2017/06/06/blue – economy.

[②] The Economist Intelligence Unit Limited, "The Blue Economy: Growth, Opportunity and a Sustainable Ocean Economy", 2015, p. 7.

[③] Indian Ocean Rim Association, "Blue Economy", http: //www. iora. net/ blue – economy/blue – economy. aspx.

[④] Ministry of Foreign Affairs of Japan, "APEC Ocean Cooperation in the Asia Pacific Region", http: //www. mofa. go. jp/mofaj/files/000059615. pdf.

[⑤] "中国倡导推动'蓝色经济'"，中国日报网，2017 年 6 月 9 日，https: // language. chinadaily. com. cn/a/201706/09/WS5b2c9ea4a3103349141dddac. html。

（二）蓝色经济与发展模式

蓝色经济与人类发展具有密切的相关性，因为海洋（包括作为人类共同遗产的公海）在许多方面代表了人类及其对可持续发展追求的最后边界。沿海和岛屿发展中国家一直处于蓝色经济倡导者的前列，它们认识到海洋对人类未来的重要作用，认为蓝色经济提供了一种与其环境更加符合的可持续发展模式，更适合陆上资源较少的小岛屿发展中国家用来应对自身发展所面临的限制与挑战。因此，蓝色经济是一种基于海洋的经济，以可持续发展作为其终极目标，并致力于在实现经济与社会发展的同时使环境免于退化。在"里约＋20"会议期间及会后，人们越来越认识到需要对海洋给予更多的关注并对海洋开发活动进行协调。国际社会在这方面的努力可以反映在多个方面，如《蓝色世界中的绿色经济》报告①、联合国经济和社会事务部就"海洋和可持续发展"问题召开的专家组会议、全球海洋委员会的工作、全球海洋伙伴关系的建设，以及联合国2012—2016 五年行动议程对海洋的重视。

表1-1 不同颜色的经济

经济类型	褐色	绿色	蓝色
最终目标	经济增长最大化	使经济增长与社会和环境相平衡	在实现经济和社会发展的同时避免环境退化
覆盖范围	陆地＋海洋	陆地	海洋
产生污染	高污染	低污染	零污染

---

① UNEP, FAO, IMO, UNDP, IUCN, GRID - Arendal, "Green Economy in a Blue World", 2012.

续表

经济类型	褐色	绿色	蓝色
环境退化	高 （海洋作为垃圾场）	生态系统承载能力 范围内的废物排放	零
生态系统服务的 价值	不包括在国民经济 核算体系中	污染者付费原则	纳入经济活动

资料来源：Vijay Sakhuja and Kapil Narula（eds.），*The Blue Economy*：*Concept*，*Constituents and Development*，New Delhi：Pentagon Press，2017，p. 8。

（三）蓝色经济与联合国2030年可持续发展目标

蓝色经济的概念暗示了增长（发展）与海洋资源保护之间的内在冲突。解决这一冲突需要在抓住海洋经济机会的同时有效应对海洋经济开发所面临的挑战。联合国在2030年可持续发展议程中倡导全球范围的解决方案。2030年可持续发展目标14中的10个子目标从不同方面规定了蓝色经济开发过程中所应遵循的原则和需要注意的事项。此外，蓝色经济作为一个具有重大开发潜力的经济部门还为其他联合国2030年可持续发展目标的实现贡献了力量。例如：通过提供就业机会有助于减贫目标的实现；渔业有助于粮食安全，从而助力"零饥饿"目标的实现。

表1-2 2030年可持续发展目标14与蓝色经济

目标14：保护和可持续利用海洋和海洋资源以促进可持续发展
14.1：到2025年，预防和大幅减少各类海洋污染，特别是陆上活动造成的污染，包括海洋废弃物污染和营养盐污染
14.2：到2020年，通过加强抵御灾害能力等方式，可持续管理及保护海洋和沿海生态系统，以免产生重大负面影响，并采取行动帮助它们恢复原状，使海洋保持健康、物产丰富
14.3：通过在各层级加强科学合作等方式，减少和应对海洋酸化的影响

续表

14.4：到2020年，有效规范捕捞活动，终止过度、非法、未报告和无管制的捕捞活动以及破坏性捕捞做法，执行科学的管理计划，以便在尽可能短的时间内使鱼群量恢复到可持续产量的水平
14.5：到2020年，根据国内和国际法，并基于现有的最新科学资料，保护至少10%的沿海和海洋区域
14.6：到2020年，禁止某些助长过剩产能和过度捕捞的渔业补贴，取消助长非法、未报告和无管制捕捞活动的补贴，避免出台新的同类型补贴，同时承认给予发展中国家和最不发达国家合理、有效的特殊和差别待遇应是世界贸易组织渔业补贴谈判的一个不可或缺的组成部分
14.7：到2030年，增加小岛屿发展中国家和最不发达国家通过可持续利用海洋资源获得的经济收益，包括可持续地管理渔业和旅游业
14.a：根据政府间海洋学委员会《海洋技术转让标准和准则》，增加科学知识，培养研究能力和转让海洋技术，以便改善海洋的健康，增加海洋生物多样性对发展中国家，特别是小岛屿发展中国家和最不发达国家发展的贡献
14.b：向小规模个体渔民提供获取海洋资源和市场准入机会
14.c：按照《我们希望的未来》第158段所述，根据《联合国海洋法公约》所规定的保护和可持续利用海洋及其资源的国际法律框架，加强海洋和海洋资源的保护和可持续利用

资料来源：联合国网站，https：//www.un.org/sustainabledevelopment/。

表1-3　2030年可持续发展目标与蓝色经济的贡献

可持续发展目标	蓝色经济
目标1：无贫穷	提供就业机会并促进经济增长，从而有助于减轻贫困
目标2：零饥饿	渔业和水产养殖有助于粮食安全，是许多人的主要蛋白质来源
目标3：良好健康与福祉	健康的生态系统促进人类健康和加强环境复原力
目标6：清洁饮水和卫生设施	海水淡化可为沿海地区和岛屿国家提供大量淡水

可持续发展目标	蓝色经济
目标7：经济适用的清洁能源	海洋可再生能源具有仅次于太阳能的第二大潜力，清洁且资源丰富
目标8：体面工作和经济增长	与蓝色经济相关的新工作为经济增长提供了机会
目标9：产业、创新和基础设施	以海洋为主导的产业和新的商业模式鼓励基础设施的发展
目标10：减少不平等	海洋是人类的共同遗产，提供公共产品，从而有助于减少不平等
目标11：可持续城市和社区	可以在城市的滨水区周围开发休闲空间和游船码头，以促进可持续城市的发展
目标12：负责任消费和生产	以本地消费和生产为原则的蓝色经济减少了对海运货物的需求
目标13：气候行动	蓝色经济提倡使用非化石燃料进行航运，并倡导采取措施降低气候变化的影响
目标15：陆地生物	蓝色经济倡导保护海洋免受环境退化影响，健康的海洋支持陆地上的生命
目标16：和平、正义与强大机构	蓝色经济为相互合作和促进国际机构发展提供了机会
目标17：促进目标实现的伙伴关系	蓝色经济有助于实现所有可持续发展目标并加强可持续发展伙伴关系

资料来源：Vijay Sakhuja and Kapil Narula (eds.), *The Blue Economy：Concept, Constituents and Development*, New Delhi：Pentagon Press, 2017, p.10。

二、蓝色经济的构成

与海洋相关的经济活动是在全球人口激增、消费不断增长以及对新的食物、能源和矿物来源的需求不断增长的背景下发展起来的。

到 2030 年，预计有三分之二的食用鱼是通过人工养殖获取的，其中大部分为水产养殖；[1] 海上风力发电将成为领先的发电技术。[2] 到 2050 年，海运贸易预计将翻两番。[3] 在陆地上，随着人口向城市和沿海地区迁移，与海洋经济相关的沿海基础设施、工业和旅游业投资将会激增。与此同时，气候变化导致的海平面上升和风暴潮将会给沿海人口带来风险，这将会推动对防御性基础设施进行开发的需求。总体来看，蓝色经济涉及对海洋可再生生物资源的开采（如渔业）、不可再生资源相关部门（如采掘业）、海洋商贸、海洋监测、海洋区域保护等活动。世界银行于 2017 年发布的《蓝色经济的潜力：为小岛屿发展中国家和沿海最不发达国家增加可持续利用海洋资源的长期效益》报告，对蓝色经济部门进行了划分。[4]

（一）　渔业

与航运业一样，渔业是最古老的蓝色经济部门之一。渔业每年对全球 GDP 的贡献超过 2700 亿美元。[5] 作为经济和粮食安全的重要来源，渔业为参与该部门的 3 亿人提供生计，并帮助依赖鱼类作为动物蛋白、必需的微量营养素和 omega－3 脂肪酸来源的 30 亿人满足其营养需求。[6] 渔业在世界上许多贫困的社区尤为重要，在这些社区，鱼类是蛋白质的重要来源。对于许多小岛屿发展中国家来说，

---

① The World Bank, "Fish to 2030—Prospects for Fisheries and Aquaculture", World Bank Report Number 83177 – GLB, Washington, D. C., 2013.

② IRENA, "Innovation Outlook: Off shore Wind", Abu Dhabi, 2016.

③ ITF, "ITF Transport Outlook 2015", Paris, 2015.

④ The World Bank, "The Potential of the Blue Economy: Increasing Long – term Benefits of the Sustainable Use of Marine Resources for Small Island Developing States and Coastal Least Developed Countries", 2017.

⑤ The World Bank, "Hidden Harvest—The Global Contribution of Capture Fisheries", World Bank Report Number 66469 – GLB, Washington, D. C., 2012.

⑥ FAO, "The State of World Fisheries and Aquaculture 2016: Contributing to Food Security and Nutrition for All", 2016.

渔业是其经济的重要支柱和生计的主要来源。渔业的健康和可持续性与这些国家的可持续发展密不可分。然而,小岛屿发展中国家渔业的可持续性受到海洋生物资源过度开发、陆上污染以及国家和区域各级渔业监测控制系统薄弱的威胁。在专属经济区向外国渔船颁发捕鱼许可证对一些自身缺乏捕捞能力的小岛屿发展中国家和沿海最不发达国家尤为重要。研究表明,只有管理良好的渔业才能对蓝色经济增长做出长期贡献,这使治理改革成为向蓝色经济转型的关键组成部分。联合国粮食及农业组织的《负责任渔业行为守则》及其相关协定为渔业部门的管理提供了框架。

(二) 水产养殖业

《2019 年世界人口展望》报告指出,全球人口预计将从 2019 年的 77 亿人增加至 2050 年的 97 亿人,[1] 从而对食物和蛋白质产生相当大的需求。水产养殖业为全球市场供应 58% 的鱼类产品,[2] 该产业的振兴有助于世界上一些最贫困人口的粮食安全以及社会和经济包容性提升。水产养殖业有助于减少对鱼类进口的需求和增加就业。对于许多小岛屿发展中国家和沿海最不发达国家来说,发展水产养殖业在促进粮食安全方面可以发挥关键作用。无论经营规模如何,可持续的水产养殖必须在经济上可行而且对环境无害。此外,在那些历史上长期以水产养殖业作为生计来源的地区,其发展不能以牺牲小规模捕鱼方式为代价。可持续水产养殖包括综合多营养水产养殖、海藻水产养殖、贝类水产养殖和基于生态系统方法的鱼类养殖等。

---

[1] UNDESA, "World Population Prospects 2019", 2019, https://www.un.org/development/desa/publications/world-population-prospects-2019-highlights.html.

[2] FAO, "The State of World Fisheries and Aquaculture 2016: Contributing to Food Security and Nutrition for All", 2016.

（三） 沿海和海上旅游

旅游业是全球最大的产业之一。根据世界旅行和旅游业理事会的数据，2015 年旅游业对世界 GDP 的贡献连续第六年增长，达到 9.8%（7.2 万亿美元）。[①] 因此，旅游业已成为重要的外汇来源，并与许多国家的社会、经济和环境福祉息息相关。海上或海洋相关旅游业以及沿海旅游业是许多国家的重要经济来源，包括小岛屿发展中国家和沿海最不发达国家。沿海和海洋相关旅游有多种形式，包括潜水旅游、海洋考古、冲浪、游轮、生态旅游和休闲捕鱼等。可持续旅游业可以成为蓝色经济的一部分，促进海洋环境和物种的保护和可持续利用，为当地社区创造收入（从而减轻贫困），并尊重和维护当地的文化、传统和遗产。还应指出，小岛屿发展中国家和沿海最不发达国家的旅游业容易受到气候变化和全球经济波动的影响。因此，通过气候适应和收入来源多样化解决脆弱性和实现发展韧性很重要，在疫情冲击全球旅游业的背景下更是如此。

（四） 海洋生物技术和生物勘探

在海洋中估计有 70 万到 100 万个真核物种与数百万个甚至更多的原核和病毒分类群，其特殊的生物多样性是新基因和新产品的重要来源，可以应用于医学、食品、材料和能源等领域。[②] 海洋生物勘探包括从海洋环境中发现新基因和生物化合物，这些基因和生物化合物可用于药品、化妆品和其他产品的商业开发。由于采样所需的原材料数量很少，因此海洋生物勘探通常被认为对环境的影响非常有限。人们对海洋基因资源的商业兴趣越来越大，与海洋基因材料

---

① WTTC，"Travel and Tourism Economic Impact Summary 2016"，2016.

② The World Bank，"The Potential of the Blue Economy：Increasing Long - term Benefits of the Sustainable Use of Marine Resources for Small Island Developing States and Coastal Least Developed Countries"，2017, p. 17.

相关的专利申请以每年超过 12% 的速度迅速增加，到 2010 年有 5000 多个来自海洋生物的基因材料获得专利。这些专利中的大部分是由少数几个发达国家申请的，这凸显了国家之间日益扩大的生物技术能力差距。[①] 随着《生物多样性公约》《名古屋议定书》的实施，与海洋生物勘探有关的能力建设和技术转让可能会增加。

（五）采掘业：非生物资源

离岸石油和天然气的勘探和开采已经在世界许多国家的沿海地区进行，人们已经了解了很多关于如何管理这些活动所带来的风险的知识，并采取措施降低此类风险。与石油和天然气相比，离岸矿产资源的开发情况则不太明晰。为了满足对矿产不断增长的需求，国家政府和私营部门推动了深海海底矿藏的开发，开发活动明确区分了国家管辖范围内的开采、沿海国家专属经济区内的开采，以及根据《联合国海洋法公约》和国际海底管理局相关规定可能超出国家管辖范围的开采。《联合国海洋法公约》的所有缔约国通过国际海底管理局组织和控制国家管辖范围以外区域（以下简称"区域"）与海底采矿有关的活动。国际海底管理局对"区域"内的活动具有立法和执法管辖权。因此，国际海底管理局有权采用适当的规则对海上人命安全和海洋环境、用于"区域"内活动的设施、"区域"内活动所得收益的公平分享等进行管理。

（六）海水淡化

确保足够的清洁和安全用水以满足不断增长的人口的需求是发展的最大挑战和障碍之一。获得安全饮用水对小岛屿发展中国家和沿海最不发达国家尤其重要。受气候变化的影响，许多地区面临着

---

① Sophie Arnaud - Haond, Jesús M. Arrieta and Carlos M. Duarte, "Marine Biodiversity and Gene Patents", *Science*, Vol. 331, Iss. 6024, March 25, 2011, pp. 1521 – 1522.

更加多变的降水模式和可用水量减少的问题。水资源的管理和规划者越来越多地将海水淡化——将海水或微咸地下水转化为淡水——作为一种可供选择的方案，用以满足当前的用水需求并缓冲气候变化对水资源的负面影响。尽管能源成本高昂，但政府间气候变化专门小组将海水淡化列为"适应选择"，这在干旱和半干旱地区可能尤为重要。海水淡化通常需要高昂的前期资本和运营成本，并且可能会对环境产生目前尚未被了解的影响，包括吸取海水期间对海洋生物及其幼虫的潜在影响。[①] 随着海水淡化项目的大量增加，人们对其累积影响产生更多担忧，包括温度污染（海水淡化过程中所产生的温度更高的水被释放到附近的沿海地区）以及提纯过程中盐水排放区域盐度的逐渐增加。这些影响在封闭和半封闭的水体中尤为严重，因为在这些地方，潮汐和水流环流的稀释作用有限。通过选取适当的海水摄入位置以及在排放前将处理过程中产生的高盐度海水进行稀释，可以减轻对环境产生的负面影响。通过能力建设和技术转让等途径使海水淡化的负面影响得以减轻，这使得海水淡化可以成为小岛屿发展中国家和沿海最不发达国家实现可持续发展的一个选项。

（七）　海洋可再生能源

海洋可再生能源可以在社会和经济发展以及气候适应和减缓方面发挥重要作用。虽然海上风能正变得越来越普遍，尤其是在欧洲，但其他形式的海洋可再生能源（如波浪能、潮汐能和海洋热能）的开采仍处于试验阶段，并且在大多数情况下尚未形成商业规模。虽然这些技术尚未在小岛屿发展中国家和沿海最不发达国家进行测试，但其在夏威夷岛屿上的应用正在推进中，夏威夷电力公司开展了与波浪能和海洋热能转换相关的实验项目。大多数小岛屿发展中国家

---

① Toufic Mezher, Hassan Fath, Zeina Abbas and Arslan Khaled, "Techno - economic Assessment and Environmental Impacts of Desalination Technologies", *Desalination*, Vol. 266, Issues. 1 - 3, January 31, 2011, pp. 263 - 273.

和沿海最不发达国家依靠进口燃料来满足其绝大部分能源需求，这使它们极易受到全球能源价格波动和高得不成比例的运输成本的影响。化石燃料进口的经济负担减缓了小岛屿发展中国家的发展，加上二氧化碳排放造成的严重环境污染，使向海洋可再生能源的转变成为可持续发展的当务之急。

（八）海上运输和港口服务

2015年，国际货物贸易量的80%以上是通过海运进行的，这一比例对于大多数发展中国家来说甚至更高。[①] 在全球范围内，海运是原材料、消费品、基本食品和能源供应的主要运输方式。因此，它是全球贸易的主要推动者，也是海上和岸上经济增长和就业的贡献者。气候变化的影响（如海平面上升、气温升高以及更频繁和更强烈的风暴）对重要的运输基础设施、服务和运营构成严重威胁，特别是在小岛屿发展中国家和沿海最不发达国家。鉴于港口在全球化贸易体系中的战略作用，制定相关措施以适应气候变化影响并增强其抵御能力是当务之急。受益于海洋带来的经济机会（包括贸易、旅游业和渔业），需要对运输基础设施和服务进行投资，还需要努力解决岛间、国内、国际航运的连通性问题。与海上运输相关的主要环境影响包括海洋和大气污染、海洋垃圾、水下噪音以及入侵物种的引入和传播。新的国际法规要求航运业对环境技术进行大量投资，包括排放废物和压载水处理等问题。一些投资不仅有利于环境，还可能带来长期的成本节约，例如提高燃油效率。两项主要的国际公约为减少国际航运造成的污染做出了贡献：《国际防止船舶造成污染公约》及其附件和《防止倾倒废物及其他物质污染海洋公约》及其议定书。

---

① UNCTAD，"Review of Maritime Transport 2016"，Geneva，2016.

（九）　废物处理

近年来，由于一些小岛屿发展中国家和沿海最不发达国家的城市人口显著增长，对废物管理系统的需求也有所增加。在小岛屿发展中国家，几乎90%的废物被送往垃圾填埋场，废物回收的百分比非常低。由于土地面积有限，这种情况对大多数小岛屿发展中国家来说尤其成问题。[1] 总的来说，改善废物管理（包括回收利用）是许多小岛屿发展中国家和沿海最不发达国家在向蓝色经济过渡时的优先事项。过量的养分来自化肥、化石燃料燃烧，以及人类、牲畜、水产养殖和工业产生的废水，进而导致空气、水、土壤和海洋污染。总的来说，陆地污染源约占全球海洋污染的80%，[2] 导致海洋富营养化、有害藻类滋生和出现所谓的"死区"（缺氧区氧含量太低而无法支持海洋生物），并进一步导致生物多样性和渔业的损失、娱乐和旅游潜力的减弱，以及对人类健康的影响。塑料通常构成海洋垃圾中最重要的部分，有时占漂浮垃圾的100%。[3] 海洋垃圾的影响包括对海洋动物的纠缠和海洋动物对垃圾的吞食，这已被确定为一个全球性问题。总体而言，海洋垃圾影响着全世界的经济、生态系统、动物福利和人类健康。

（十）　海洋监测

海洋监测是蓝色经济的重要组成部分，包括具有不同法律框架下的各种活动。首先，它包括对非法活动的监测和执法，例如非法、未报告和无管制的捕捞活动，违禁品转运和人口贩卖等。其次，它

[1]　UNDESA, "Trends in Sustainable Development: Small Island Developing States (SIDS)", New York, 2014.

[2]　UNESCO, "Facts and Figures on Marine Pollution", Paris, 2016.

[3]　François Galgani, Georg Hanke and Thomas Maes, "Global Distribution, Composition and Abundance of Marine Litter", *Marine Anthropogenic Litter*, Springer International Publishing, 2015, pp. 29 - 56.

包括与人类和环境安全相关的活动，包括搜索和救援、天气预报、灾害响应以及对有害威胁（如石油泄漏、其他污染物和外来入侵物种）的早期监测和响应。再次，它还包括海洋科学研究的各个方面。对于在国家管辖范围内（特别是与其陆地领土相比）具有较大海洋面积的小岛屿发展中国家以及沿海最不发达国家，监测对于确保可持续的资源利用和灾害预防很重要，但其实施往往因缺乏能力、资源和技术而受阻。在海洋科学监测方面，小岛屿发展中国家和沿海最不发达国家可以受益于参与区域和国际科学网络，例如全球海洋观测系统和全球海洋酸化观测网络。

三、蓝色经济的前景

海洋正在成为国际关于增长和可持续发展讨论的新焦点。在未来几十年里，人类在海洋的活动预计将显著加速，如何实现从海洋经济向蓝色经济转变将成为海洋健康以及所有人从健康的海洋生态系统中长期获益的关键因素。

（一）海洋将成为 21 世纪的经济新动力

海洋经济贡献显著，越来越多的国家在其海洋开发战略中将蓝色经济作为指导原则。在加快建设海洋强国的战略部署下，2019 年中国海洋生产总值超过 8.9 万亿元，10 年间翻了一番，海洋生产总值占 GDP 的比重近 20 年保持在 9% 左右。[①] 在全球人口激增、消费水平不断增长以及对新的食物、能源和矿物质来源需求增加的背景下，海洋及其周边地区的经济活动正在加速。到 2030 年，餐盘里的

---

① "我国海洋生产总值十年翻番"，新华社，2020 年 5 月 9 日，http://www.gov.cn/xinwen/2020-05/09/content_5509995.htm。

每三条鱼中就有两条是养殖的，其中大部分在海里。① 到 2030 年，海上风电容量预计将增加近 10 倍；到 2050 年，海运贸易预计将翻两番。② 随着全球人口向城市和沿海地区迁移，与海洋相关的经济将促使对沿海基础设施、工业和旅游业的投资激增。与此同时，气候变化带来的海平面上升和风暴潮带来的风险将推动一波防御性基础设施的发展。国家将开发海洋资源作为战略重点，这将成为海洋经济的重要推动力。大大小小的海洋经济体都希望通过海洋来支持其放缓的陆地经济增长，发现新的投资和就业机会，并在深海海底采矿和海洋生物技术等新兴产业中建立竞争优势。③

（二）蓝色经济只是名义上的新范式

"蓝色经济""蓝色增长"等新兴概念是重要的公共政策愿望，但目前仅此而已。随着可持续增长成为全球政策讨论的新焦点，寻求发展海洋经济的国家在不同程度上承认需要制定政策以更好地使未来海洋经济增长与维持甚至恢复海洋健康保持一致。国家海洋计划中广泛使用的"蓝色经济"和"蓝色增长"这两个术语意味着其对海洋经济"绿色化"的追求。尽管这种发展受到欢迎，但这些新兴概念以及"可持续海洋经济"等对应概念仍然定义不明确，并且对广泛且通常不同的解释持开放态度。蓝色经济通常将增长置于可持续性之上。在大多数决策者的心目中，蓝色经济是一种相对传统的海洋经济（尽管它带有蓝色调），这可以通过更仔细地阅读国家海洋发展计划而得到证实。例如，欧盟委员会的蓝色增长战略旨在引导欧盟摆脱当前的经济危机，将其作为就业、竞争力和更多机会的

---

① The World Bank, "Fish to 2030: Prospects for Fisheries and Aquaculture", December 2013.

② ITF, "Global Trade: International Freight Transport to Quadruple by 2050", January 27, 2015.

③ The Economist Intelligence Unit Limited, "The Blue Economy: Growth, Opportunity and a Sustainable Ocean Economy", 2015, p. 8.

来源，同时保护欧洲海洋的健康。① 虽然蓝色经济的概念将经济增长与海洋生态系统的保护联系起来，但显然保护或可持续性部分既不是主要目标，也不一定是最终目标。

（三） 从海洋经济向蓝色经济的转型将是一项复杂的长期任务

可持续的海洋经济为将经济发展和海洋健康视为兼容命题提供了途径。它不必在增长和可持续性之间做出选择。适当规划和管理的海洋空间应动员公共和私营部门投资，并产生强劲的回报和生态系统效益。这种方法的优点意味着活动的多样性，从传统的海洋部门到专注于海洋健康的新任务，都可以在基于生态系统的综合管理框架内以协调的方式进行管理。虽然明确的政策和规划框架必不可少，但这还不够，关键在于细节。欧洲议会对欧盟蓝色经济增长战略的研究较多，但在几个重要方面仍存在不足：在科学、知识和技术方面缺乏足够的目标；在海洋生物、海底资源以及欧洲海域进一步经济活动的风险和机遇方面存在重大的知识差距；科学家和其他海洋专家的缺乏引发了如何实施海洋政策的问题；对企业蓝色增长潜力的认识有限。② 这种情况下需要改革海洋经济管理机构，以跟上加速发展的经济活动。从历史上看，专属经济区内的经济活动是按部门管理的，部委、监管机构和行业之间在监督产权重叠（特别是采掘材料勘探许可证），航线和渔场等方面的协调有限。管理可持续的海洋经济将复杂得多。良好的法律法规、强大的机构和部际合作、涉及所有利益相关者（包括企业）的包容性决策过程、循证支持和可信的仲裁机制等对于许多国家来说，都将是一项相当大的挑战。

---

① The Economist Intelligence Unit Limited, "The Blue Economy: Growth, Opportunity and a Sustainable Ocean Economy", 2015, p. 10.

② The Economist Intelligence Unit Limited, "The Blue Economy: Growth, Opportunity and a Sustainable Ocean Economy", 2015, pp. 11 – 12.

第二节　海域划界

1982 年的《联合国海洋法公约》规定，沿海国可拥有宽度为 12 海里的领海、200 海里的专属经济区和最多不超过 350 海里的大陆架。[①] 沿海国在这些不同的海洋区域具有不同的法律地位。

一、基线

基线是一国领海与海岸或内水之间的分界线，也是测算领海、毗连区、专属经济区、大陆架宽度的起算线。基线向陆地一面的海域是内水，向海一面因法律地位不同可分为领海、毗连区、专属经济区、大陆架等。正常基线是海水退潮时退到距离海岸最远的那条线，即沿岸的低潮线。《联合国海洋法公约》第 5 条规定，"测算领海宽度的正常基线是沿海国官方承认的大比例尺海图所标明的沿岸低潮线"。[②] 正常基线多适用于海陆分界明显，海岸比较平缓、无明显凸凹的情况。一国如果海岸线极为曲折，海岸岛屿众多，则采用直线基线进行划界。在大陆沿岸突出处和岸外岛屿最外缘选定一系列适当的基点，在这些基点之间连续地划出一条条直线，这些直线构成的一条沿着海岸的折线就是直线基线（也称折线基线）。1958 年，联合国第一次海洋法会议制定的《领海与毗连区公约》以国际条约的形式肯定了直线基线法。1982 年，联合国第三次海洋法会议

---

① 《联合国海洋法公约》，https：//www. un. org/zh/documents/treaty/files/ UNCLOS – 1982. shtml#13。

② 《联合国海洋法公约》，https：//www. un. org/zh/documents/treaty/files/ UNCLOS – 1982. shtml#13。

通过的《联合国海洋法公约》再一次肯定直线基线法。混合基线即正常基线和直线基线的兼用。《联合国海洋法公约》第14条规定沿海国为适应不同情况，可交替使用公约规定的任何方法以确定基线。一些海岸线较长、地形复杂的国家多采用混合基线法。

二、领海与毗连区

《联合国海洋法公约》规定："沿海国的主权及于其陆地领土及其内水以外邻接的一带海域，在群岛国的情形下则及于群岛水域以外邻接的一带海域，称为领海。"[①]《联合国海洋法公约》第3条对领海宽度问题规定如下："每一国家有权确定其领海的宽度，直至从按照本公约确定的基线量起不超过12海里的界限为止。"[②] 领海受沿海国主权的支配，即领海范围内的一切人、事和物均受沿海国的管辖。《领海与毗连区公约》及《联合国海洋法公约》都规定"沿海国对于领海的主权的行使要受公约的有关规定和其他国际法规则的限制"。这一限制就是承认外国船舶在领海内享有"无害通过权"。对船舶的一种基本分类是将其分为商船和军舰。一切国家的商船均拥有无害通过领海的权利，这是国际法上公认的规则。对于军舰是否享有无害通过的权利，国际社会并无统一看法。上述两个公约均未明确指出军舰是否具有无害通过权，实践中只能由各国国内法对此做出规定。沿海国家在其领海内享有主权权利，但是为了防止走私和偷越国境及卫生防疫等实际需要，又有必要将某些权利扩大到领海之外的一定区域，在这种情况下，毗连区产生了。《联合国海洋法公约》规定毗连区从测算领海宽度的基线量起，不得超过24海

---

① 《联合国海洋法公约》，https：//www.un.org/zh/documents/treaty/files/UNCLOS – 1982.shtml#13。

② 《联合国海洋法公约》，https：//www.un.org/zh/documents/treaty/files/UNCLOS – 1982.shtml#13。

里。沿海国在此区域内行使对下列事项必要的管制：防止在其领土或领海内违反海关、财政、移民或卫生的法律和规章；惩治在其领土或领海内违反上述法律和规章的行为。由此可见，毗连区不同于领海，因为领海是受沿海国主权管辖和支配的区域。①

三、专属经济区

专属经济区是由《联合国海洋法公约》所确立的一项重要的海洋法制度。《联合国海洋法公约》第 55 条规定："专属经济区是领海以外并邻接领海的一个区域。"其第 57 条规定："专属经济区从测算领海宽度的基线量起，不应超过 200 海里。"② 沿海国在专属经济区内有勘探、开发、养护和管理海床与底土及其上覆水域自然资源（不论是生物资源还是非生物资源）的主权权利，并对区域内的人工岛屿、海洋科学研究、海洋环境的保护行使管辖权。在专属经济区内，所有国家（不论是沿海国还是内陆国），在《联合国海洋法公约》有关规定的限制下，享有航行和飞越自由、铺设海底电缆和管道的自由。

四、大陆架

大陆架的概念起源于地质学、地理学和海洋学。按照地质结构的分类，整个地球分为大陆地壳和大洋地壳两种，这两者之间有一个过渡带叫作大陆边，它一般包括大陆架、大陆坡和大陆基。这是一个由陆地沿岸缓慢向深海倾斜，逐渐延伸深入某一地点，然后其

---

① 屈广清、曲波主编：《海洋法（第四版）》，中国人民大学出版社 2017 年版，第 73 页。

② 《联合国海洋法公约》，https：//www.un.org/zh/documents/treaty/files/UNCLOS－1982.shtml#13。

坡度陡然增大，最后延伸进海洋主体的部分。依据《联合国海洋法公约》第 76 条的规定，"沿海国的大陆架包括其领海以外依其陆地领土的全部自然延伸，扩展到大陆边外缘的海底区域的海床和底土，如果从测算领海宽度的基线量起到大陆边的外缘的距离不到 200 海里，则扩展到 200 海里的距离"。[①] 对于宽大陆架国家超过 200 海里的大陆架应以下两种方式划分大陆架的外缘：第一，从大陆架坡脚起向外延伸的距离不超过 60 海里，或每一定点上沉积岩厚度至少为从该点至大陆架坡脚最短距离的 1%；第二，大陆架坡脚应定为大陆坡坡底坡度变动最大点。按照上述方法划定大陆架外部界限的各定点，不应超过从测算领海宽度的基线量起 350 海里，或不应超过连接 2500 米深度各点 2500 米等深线 100 海里。[②] 沿海国对 200 海里以内大陆架上的全部自然资源享有主权权利。200 海里以外的大陆架，由于其上覆水域属于公海而不再是专属经济区，所以与 200 海里以内大陆架的权利稍有不同。在生物资源方面，在这一区域内定居生物的捕获仍是沿海国的专属权利，而对非定居生物实施属于公海自由之一的捕鱼自由制度。非生物资源的开发要受《联合国海洋法公约》第 82 条及有关规定的限制。该公约规定：沿海国对从测算领海宽度的基线量起 200 海里以外的大陆架上的非生物资源的开发有专属权利，但沿海国应向国际海底管理局缴付费用或实物；某一发展中国家如果是其大陆架上所产生的矿物资源的纯输入者，则对这种矿物资源免缴这种费用或实物；国际海底管理局应根据公平分享的标准将费用或实物分配给公约各缔约国。根据《联合国海洋法公约》的规定，其他国家的船舶和飞机在大陆架上覆水域和水域上空享有航行和飞越的权利和自由，以及在大陆架上铺设海底电缆和

---

① 《联合国海洋法公约》，https：//www. un. org/zh/documents/treaty/files/ UNCLOS – 1982. shtml#13。

② 屈广清、曲波主编：《海洋法（第四版）》，中国人民大学出版社 2017 年版，第 111 页。

管道的权利。

五、公海

公海是指各国内水、领海、群岛水域和专属经济区以外不受任何国家主权管辖和支配的海洋的所有部分。"公海对所有国家开放，不论其为沿海国或内陆国"①，"任何国家不得有效地声称将公海的任何部分置于其主权之下"②。公海自由原则是公海活动的基本原则，是公海制度的核心和基础。公海自由的内涵主要包括航行自由、捕鱼自由、飞越自由、铺设海底电缆和管道的自由、建造人工岛屿和其他设施的自由（以科研、勘探和开发为目的）、海洋科学研究自由等。③

第三节　海洋渔业治理

目前海洋渔业治理机制在区域方面主要涉及在专属经济区和公海的捕鱼管理，在议题方面涉及跨界种群和特定种群的捕捞规范。

一、在专属经济区的渔业制度

根据《联合国海洋法公约》的规定，"沿海国在专属经济区内

---

① 《公海公约》，https：//www. un. org/zh/documents/treaty/files/ILC－1958－3. shtml。

② 《联合国海洋法公约》，https：//www. un. org/zh/documents/treaty/files/UNCLOS－1982. shtml#13。

③ 屈广清、曲波主编：《海洋法（第四版）》，中国人民大学出版社 2017年版，第 127—139 页。

有以勘探和开发、养护和管理海床上覆水域和海床及其底土的自然资源（不论为生物还是非生物资源）为目的的主权权利，以及关于在该区内从事经济性开发和勘探，如利用海水、海流和风力生产能等其他活动的主权权利"。① 与这些权利相对应的还有一些沿海国需要履行的义务，如：沿海国必须采取正当的养护和管理措施，确保专属经济区内渔业资源不受过度开发的危害；沿海国应决定其专属经济区内生物资源的可捕量，被赋予了广泛的自由裁量权。然而，一国的专属经济区并不意味着完全排除其他国家进入本国专属经济区捕鱼。根据《联合国海洋法公约》第 62 条第 2 款的规定，沿海国在没有能力捕捞全部可捕量的情形下，应准许其他国家捕捞可捕量的剩余部分。对于允许他国船只进入专属经济区进行捕鱼活动的区域，沿海国有权制定一些条件进行规制，如要求外国渔民有许可证、遵守沿海国的保护措施、进行特定渔业研究计划、船只在沿海国港口卸下渔获量的全部或任何部分、训练沿海国人员等。

二、公海捕鱼管制

尽管世界上大多数的商业捕鱼都在 200 海里的区域内进行，但是《联合国海洋法公约》仍对公海捕鱼进行了规定。其重要性体现在许多鱼群在某段时间或某些鱼类在一生中要在公海中生存。公约规定了公海的渔业资源在原则上向所有国家开放，但要受到涉及跨界渔业资源和特殊渔业资源（第 87 条和第 116 条）的规则的限制。第 117 条至第 120 条确认了利益相关国的义务，包括通过合适的国际渔业委员会，在公海渔业资源的管理和保护方面进行合作。除了对特定物种进行规制的委员会外，当前还有一些旨在管理特定深海区域渔业资源的委员会，如西北大西洋渔业组织、东北大西洋渔业

---

① 《联合国海洋法公约》，https：//www.un.org/zh/documents/treaty/files/UNCLOS－1982.shtml#13。

组织、地中海渔业统一委员会、南极海洋生物资源养护委员会等。20 世纪 80 年代末，随着公海捕鱼活动的增多、竞争日趋激烈以及科技的发展，长达 30 海里的漂网被越来越多地使用。这些漂网垂直深入水下 9 米多，不仅会捕捞到目标鱼类（如金枪鱼、大马哈鱼），而且会捕捞到许多其他鱼类、海洋哺乳动物和海龟等。这些被称为"死亡之墙"的漂网主要被日本、韩国和中国台湾地区的渔船在印度洋和太平洋的捕鱼活动中使用。考虑到这些漂网导致的海洋物群的整体流失和对金枪鱼、大马哈鱼的过度捕捞，1989 年南太平洋国家通过了《关于禁止使用漂网在南太平洋捕鱼条约》。1989 年北太平洋国际渔业委员会规定在船甲板上安装监测器具，限制日本的漂网捕鱼活动、船只数量、鱼捕区和鱼捕季节等。

三、跨界鱼类种群

跨界鱼类种群是洄游在相邻国家的管辖水域之间，或洄游出现在一个国家管辖水域内，又出现在邻接的公海海域内的相同鱼类种群的总称。跨界鱼类种群的存在引起了很多问题。首先就是怎样对这些种群进行管理。沿海国在专属经济区实施的管理措施很可能会遭到公海捕鱼活动的破坏。其次就是如何在公海捕鱼的渔船和专属经济区捕鱼的渔船之间分配跨界种群的可捕量。《联合国海洋法公约》第 63 条第 2 款规定："如果同一种群或有关联的鱼种的几个种群出现在专属经济区内而又出现在专属经济区外的邻接区域内，沿海国和在邻接区域内捕捞这种种群的国家应直接或通过适当的次区域或区域组织，设法就必要措施达成协议，以养护在邻接区域内的这些种群。"① 很显然，这个条款并没有对跨界种群的规制问题做出实质性的指导。实践中，仅有少数区域存在具有商业开发价值的跨

---

① 《联合国海洋法公约》，https：//www.un.org/zh/documents/treaty/files/UNCLOS‒1982.shtml#13。

界种群，其中比较著名的是北大西洋地区纽芬兰岛旁大浅滩岛、白令海上被俄罗斯专属经济区和美国领土所包围的一块飞地"甜甜圈"、鄂霍茨克公海上完全被俄罗斯专属经济区包围的一片飞地"花生洞"和位于巴伦支海公海的一块飞地"绳圈"。对于在捕捞跨界种群中所遭遇的问题和争议的关注，1995年在联合国框架下制定了《执行1982年12月10日〈联合国海洋法公约〉有关养护和管理跨界鱼类种群和高度洄游鱼类种群的规定的协定》（以下简称《跨界鱼类种群协定》），用来规制沿海国在其专属经济区和专属捕鱼区及沿海国和其他国家在公海中有关养护和管理跨界鱼类种群和高度洄游鱼类种群的内容。《跨界鱼类种群协定》的缔约国要采取和国际法相一致的措施来阻止非缔约国破坏该协定的有效履行。

四、对特定种群的规制

《联合国海洋法公约》很详尽地论述了高度洄游鱼类种群、溯河性（产卵）种群、降海性（产卵）种群、海洋哺乳动物和定栖性生物。有关高度洄游鱼类种群的规定在《联合国海洋法公约》附录 I 中，包括金枪鱼、枪鱼、剑鱼和海鲨。大多数高度洄游鱼类种群在其生命周期中要迁徙很远的距离，不仅穿梭于两个或更多国家的专属经济区中，而且还穿梭于公海中。在《联合国海洋法公约》第64条和《跨界鱼类种群协定》的共同规制下，沿海国或者在专属经济区或公海捕鱼的国家应当通过现有的或以建立地区性组织或协定的方式进行合作，以实施对高度洄游鱼类种群的保育和管理措施。目前仅有少数几个这样的地区性组织或协定存在，且都涉及捕捞金枪鱼，如南部蓝鳍金枪鱼养护委员会、印度洋金枪鱼委员会和大西洋金枪鱼保育国际委员会。

溯河性（产卵）种群是指那些在淡水中产卵却在海里度过一生中大部分时间的种群，诸如大马哈鱼、美洲西鲱和鲟鱼。《联合国海洋法公约》第66条对这一种群的规定是：有溯河产卵种群源自其河流的国家对于这一种群应负有主要责任并应制定适当的养护措施。这些国家可以确定总可捕量和允许外国进入其专属经济区捕获剩余的渔业资源，但这些国家并没有义务一定要这么做。总可捕量应该在咨询了其他的利益相关国的意见后确定。鱼源国和其他有关国家应达成协议，以执行有关专属经济区以外的溯河性（产卵）种群的法律和规章。① 在北大西洋，1982 年签署了《养护北大西洋大马哈鱼（鲑鱼）公约》，禁止船只在公海捕获大马哈鱼，即使在 200 海里的海域内，大多数情况下也禁止超过 12 海里以外捕鱼。在北太平洋，1992 年通过的《北太平洋溯河鱼类养护公约》（成员国是加拿大、日本、俄罗斯和美国）禁止在公海中直接对大马哈鱼进行捕捞。

降河性（产卵）种群是指那些在海洋中产卵，但它们一生中的大部分时间都是在淡水中度过的种群，如鳗鱼。关于这种鱼类，《联合国海洋法公约》对其在专属经济区的捕捞活动做出了大体的规定。在降河性（产卵）种群不论幼鱼或成鱼洄游通过另外一国的专属经济区的情形下，这种鱼的管理包括捕捞应由其大部分生命周期的沿海国和有关的另外一国协议规定。在公海中对这种鱼的捕捞是禁止的。实践中，对此种鱼类管理出现的问题很少，而且也没有根据相关规定而建立的典型性合作协定。

关于海洋哺乳动物（鲸鱼、海豹、海牛），《联合国海洋法公约》第 65 条规定：“本部分的任何规定并不限制沿海国的权利或国际组织的职权，对捕捉海洋哺乳动物执行较本部分规定更为严格的禁止限制或管制。”② 依据这一规定，某些国家禁止在其 200 海里的海域内进行猎鲸，诸如澳大利亚、英国和美国。很多国际组织也限制和禁止猎杀海洋哺乳动物的行为，无论是在专属经济区之内还是之外。1948 年建立的国际捕鲸委员会对鲸类进行保育、管理和研究。1972 年的《南极海豹保护条约》则专门为保护海豹而签订。

---

① 《联合国海洋法公约》第 66 条第 3 款 d 项。
② 《联合国海洋法公约》第 65 条、第 120 条。

第四节　国际海底区域治理

国际海底区域（以下简称"区域"）是指国家管辖范围以外的海床及其底土。它处在沿海国领海、专属经济区和大陆架范围以外，实际上是在水深 3000 米以上深海大洋底。据统计它占整个海洋面积的 65%。[①]

一、《联合国海洋法公约》规定的原则

《联合国海洋法公约》中关于国际海底法律制度的规定包括在第 11 部分"区域"以及附件三"探矿、勘探和开发的基本条件"等部分。《联合国海洋法公约》载入了 1970 年联合国大会通过的《国家管辖范围以外海床洋底及其底土的原则宣言》中的主要原则，明确规定："区域"及其资源是人类的共同继承财产，"任何国家不应对'区域'的任何部分或其资源主张或行使主权或主权权利，任何国家或自然人或法人，也不应将'区域'或其资源的任何部分据为己有。任何这种主权或主权权利的主张或行使，或这种据为己有的行为，均应不予承认"（第 136 条）；"'区域'内资源的一切权利属于全人类，由管理局代表全体人类行使"（第 137 条）。

二、国际海底管理局

认为"区域"被国际海底管理局"治理"是错误的，因为很多"区域"的用途，例如管线和电缆的铺设及与海底资源开采无关的科

---

① 陈德恭：《现代国际海洋法》，海洋出版社 2009 年版，第 407 页。

学探索可能并不需要国际海底管理局的允许。但是国际海底管理局是组织和调控所有国家在其管辖范围外进行开采海底矿物活动的实体。①《联合国海洋法公约》第11部分规定国际海底管理局有3个主要机构：全体大会、36个成员组成的理事会和秘书处。国际海底管理局由两个特设机构，即法律和技术委员会及财务委员会进行服务。另外，还有国际海底管理局的开采机构企业部。该系统的每个组成部分都有自己特定的功能，但是理事会是最重要的机构。②

三、开发机制

海底开采制度的实质性条款建立在平行开发机制的基础上，据此"区域"可以由企业部和商业经营者共同开采。探矿是机制下进行开发的第一阶段。虽然没有对这个术语进行界定，但是它看起来意味着对海底资源的一般探索，不是像"开发"这个术语那样进行详细的生产前的勘察。探矿基本上是自由的，唯一的要求是向国际海底管理局提供一份通知书，在其中承诺履行关于环境保护和对发展中国家人员进行训练的合作方案。两个或两个以上的探矿者可在同一"区域"内同时进行探矿。该通知书不会产生任何排他性权利。相反，勘探和开发要求国际海底管理局的特别批准，而该批准将带来排他性权利。特别批准要求申请者遵守《联合国海洋法公约》中关于技术强制性转让的条款，这成为一些西方国家拒绝签署公约的障碍，它们认为这将侵犯知识产权原则而不予接受。③

---

① 张晏瑲：《国际海洋法》，清华大学出版社2015年版，第260页。
② 张晏瑲：《国际海洋法》，清华大学出版社2015年版，第260页。
③ 张晏瑲：《国际海洋法》，清华大学出版社2015年版，第267页。

第五节　海洋环境治理

海洋环境问题大致可分为两类：原生海洋环境问题（第一海洋环境问题）和次生海洋环境问题（第二海洋环境问题）。前者是指由于海洋的自然变化而给人类造成的有害影响和危害，比如海啸和台风。后者是指人类活动作用于海洋并反过来对人类自身造成的有害影响和危害。目前所说的海洋环境问题一般是指次生海洋环境问题。海洋环境问题产生的损害一般分两种情况，一种是污染性损害，是由于人类不适当地向环境排放污染物或其他物质所造成的对环境的不利影响和危害，又称海洋环境污染；另一种是开发性损害，是由于人类不适当地从海洋环境中取出或开发出某种物质所造成的对海洋环境的不利影响和危害，如滥捕海洋渔业资源，又称海洋生态破坏。二者的主要区别在于损害海洋的方式不同，一个强调引入或引进物质，又称投入性损害，另一个强调取出物质，又称取出性损害。[①]

一、防治陆源污染

自古以来，陆上自然过程和人类活动所产生的物质，不管是空气中的还是陆地上的，最终都统统流入了海洋。陆地来源（以下简称陆源）污染是海洋环境的第一大污染源。[②] 这些污染主要有石油

---

① 朱建庚：《海洋环境保护的国际法》，中国政法大学出版社 2013 年版，第 2—3 页。

② 陈德恭：《现代国际海洋法》，中国社会科学出版社 1988 年版，第 404 页。

污染、重金属污染、有机物污染、放射性污染，此外还有城市排污和农药污染等。污染的直接表现之一就是世界范围内的海洋富营养化问题。富营养化是指水体（海洋、湖泊、河流、水库等）中植物营养物质（主要是氮和磷）含量过多所引起的水质污染现象。由于水体中氮磷营养物质的富集，引起藻类及其他浮游生物迅速繁殖，使水体溶解的氧含量下降，造成藻类、浮游生物、植物、水生物和鱼类衰亡甚至绝迹的污染现象。

目前全球范围内还没有专门针对陆源污染的国际条约。《联合国海洋法公约》第 207 条对于陆源污染只是做了一个简单规定，要求各国应制定法律和规章，以防止、减少和控制陆地来源，包括河流、河口湾、管道和排水口结构对海洋环境的污染。公约规定各国应尽力在适当的区域一级协调其在这方面的政策；特别应通过主管国际组织或外交会议采取行动，尽力制定全球性和区域性规则、标准和建议的办法及程序，以防止、减少和控制这种污染。1985 年联合国环境规划署起草了《保护海洋环境免受陆源污染的蒙特利尔准则》，以帮助各国制定有关保护海洋环境免受陆源污染的条约和国内法。1992 年《21 世纪议程》第 17 章就防止、减轻和控制陆源活动造成的海洋环境退化进行了规定。1995 年联合国环境规划署召开的政府间国际会议通过的《保护海洋环境免受陆上活动污染全球行动方案》引入了风险预防原则（第 9 段和第 24 段）。2001 年（在蒙特利尔）和 2006 年（在北京）举行了全球行动方案实施情况的两次政府间审查会议。2001 年，联合国环境规划署在斯德哥尔摩召开了《关于持久性有机污染物的斯德哥尔摩公约》（以下简称 POPs 公约）的外交会议，并最终通过了 POPs 公约。该公约主要针对 12 种持久性有机污染物。尽管有上述防治陆源污染的法律文件，但由于陆源污染行为一般发生在国家领土范围内，因此陆源污染仍然是各国各自管辖和控制的对象。

防治陆源污染的区域性条约主要有两大类：第一类是一般性区域海洋环境保护条约中的防治陆源污染条款，如 1974 年的《波罗的海海域海洋环境保护公约》、1976 年的《保护地中海免受污染公约》、1992 年的《东北大西洋海洋环境保护公约》等。第二类是专门针对陆源污染的条约或议定书，第一个防治陆源污染的专门性公约是 1974 年的《防止陆源物质污染海洋公约》，有同类议定书的海域还有黑海、地中海、东南太平洋、泛加勒比海等。在这些条约中，其适用范围都增加了内水，因为如果不对内水排污进行规制，防止陆源污染的效果就会大打折扣。[①]

二、防治船舶污染

船舶污染是海洋环境污染的第二大污染源。来自船舶的污染包括两种：一种是船舶在正常的航行和操作中产生的污染，可以称为排放性污染或操作性污染，如向海洋排放生活污水、垃圾、压载水、洗舱水、油类等。随着对温室气体带来的气候变化的关注，船舶运行的减排问题也成为国际海事组织的重要议题。另一种是船舶在海上航行中发生事故造成的污染，即事故性污染，尤其是大型油轮或运输有毒有害物质的船舶发生事故时，会对邻近海域造成严重污染，也会对当地的海洋生态系统带来严重破坏。[②]

（一）防治船舶排放性污染的国际法

1954 年在伦敦召开的关于防止海洋石油污染的国际会议通过了第一个防止海洋环境污染的全球性公约《国际防止海上油污公约》。1969 年的修正案要求船舶不得在任何海域排放油污，同时要求油轮实行顶装法的排污方式。1973 年的《国际防止船舶造成污染公约》

---

① 朱建庚：《海洋环境保护的国际法》，中国政法大学出版社 2013 年版，第 33—34 页。
② 朱建庚：《海洋环境保护的国际法》，中国政法大学出版社 2013 年版，第 42 页。

是第一个全面控制船舶造成海洋污染的全球性公约。该公约扩大了1954年公约的范围，适用于包括油类在内的各种有害物质所导致的海洋污染，同时也扩大了对船舶的适用范围，包括任何非军用船舶造成的污染。《联合国海洋法公约》第211条针对来自船只的污染，规定了各国防止、减少和控制船只对海洋环境污染的义务，以及建立国际规则和标准的原则。2001年国际海事组织通过了禁止船舶使用有害防污系统的《国际控制船舶有害防污底系统公约》。2004年，国际海事组织通过了《国际船舶压载水和沉积物控制和管理公约》，为全球压载水控制和管理提供了有法律约束力的规定。2009年，国际海事组织在中国香港召开外交大会，审议并通过了《国际安全与环境无害化拆船公约》，对船舶设计和建造、船舶营运、船舶拆解等过程都做了相应的约束，以确保船舶在最终被拆解时危害降至最低。

（二）防治船舶事故性污染的国际法

在事故防备和反应方面，1969年北海沿海国在波恩签署了《在处理北海油类和其他有害物质污染中进行合作的协定》，其目标是使受威胁国家具备单独或共同的反应能力。同样于1969年在布鲁塞尔召开的海上污染损害国际法律会议通过了《国际干预公海油污事故公约》以防止、减轻或消除由于海上事故或与事故有关的行动所产生的海上油污或油污威胁对缔约国海岸线或有关利益的严重和紧迫的危险。1990年，国际海事组织通过了《国际油污防备、反应和合作公约》，以促进各国加强油污防治工作。

在船舶污染损害赔偿方面，1969年的《国际油污损害民事责任公约》（以下简称《油污民事责任公约》）的宗旨是确保受到船舶漏出或排出油污损害的受害者获得充分赔偿。该公约仅适用于在缔约国领土或领海内发生的污染损害和为防治或减轻这种损害而采取的预防措施。由于该公约规定的赔偿限额过低，为保障油污损害的受害者能得到充分的赔偿，政府间海事协商组织（国际海事组织前身）于1971年通过了《设立国际油污损害赔偿基金公约》（以下简称

《油污基金公约》)。依据该公约建立了一个政府间组织，即国际油污赔偿基金会，负责实施公约确立的赔偿制度。二战结束，有毒有害物质的海上运输越来越多。国际海事组织在 1996 年通过了《海上运输有毒有害物质污染损害责任和赔偿国际公约》。《油污民事责任公约》和《油污基金公约》不适用于船舶燃料舱燃油溢出所造成的油污损害，2001 年的《国际燃油污染损害民事责任公约》则填补了这一国际立法领域的空白。2007 年的《内罗毕国际船舶残骸清除公约》在国际上第一次建立了比较完整的船舶残骸清除制度。

三、防治倾倒污染

越来越多的废物进入海洋后，超过了海洋的自净能力，造成了严重的污染。与陆源污染相比，倾倒是通过有选择的运载工具将污染物质置于海洋，对环境的污染更为直接，有时倾倒的物质污染性更强；与船舶污染相比，倾倒污染带有明显的主观故意性，如不加控制后果将不堪设想。海洋倾倒污染物质，从 20 世纪 70 年代开始引起人们的注意，80 年代达到高潮，90 年代中期以后开始收敛，海洋倾倒活动得到有效控制，这是 1972 年《防止倾倒废物及其他物质污染海洋公约》及其 1996 年议定书的巨大贡献。该公约及其议定书对"倾倒"的概念、公约适用的海域、允许海上倾倒的物质、海上焚烧、风险预防原则和污染者付费原则的适用、争端解决等方面做了规定。

四、防治危险物质海上跨界运输污染

随着经济的发展，所有国家生产和排放的废物规模越来越大。一些发达国家的国内环境标准较高，相关的环境法律制度也比较先进。而广大的发展中国家对这些废物的危害缺乏认识，从而也没有有效的措施加以管理和控制，所以越来越多的废物通过各种方式从一些发达国家运送到发展中国家。这种废物尤其是高度危险或放射性废物的转移往往要通过海洋运输来进行，于是引发了装载此类物质的船舶途经海域的沿岸国的担忧，一些国家为了预防此种运输带来的对本国环境的损害风险，纷纷希望通过国际条约或国内法来对此加以规范。关于危险和放射性物质的海上跨界运输，不同国际条约处理在技术方面的不同问题，还有一些国际机构对之进行监督。全球性法律文件包括 1989 年联合国环境规划署主持制定的《控制危险废物越境转移及其处置巴塞尔公约》，1990 年国际原子能机构通过的《放射性废物越境转移良好操作手册》，1996 年通过的《国际海上运输有毒有害物质损害责任和赔偿公约》，1997 年的《乏燃料管理安全和放射性废物管理安全联合公约》。

五、防治海洋勘探开发活动污染

海洋勘探开发活动主要是指海洋矿物资源的勘探和开发建设工程等海上或深海作业活动，主要包括在大陆架上的近海油气开发活动和在国际海底区域的深洋矿物开发活动。海洋勘探开发活动对于海洋环境的污染与船舶污染类似，主要有三类：第一类是有意污染，比如由废弃平台的引爆或闲置等处理方式引起的；第二类是事故污染，比如由作业平台发生的井喷事故、输油管线的事故性溢油引起的；第三类是海洋勘探开发正常操作运转产生的污染，比如由包括噪声污染，钻探过程中使用或产生的钻井液、泥浆和钻屑，开采过程中产生的污水、垃圾、天然气燃烧废气、油水混合物等引起的。①

（一）防治近海油气开发活动污染的国际法

近海海洋勘探开发活动要借助于船舶或其他设施和装置（如海

---

① 朱建庚：《海洋环境保护的国际法》，中国政法大学出版社 2013 年版，第 86 页。

洋平台）来进行，所以防止船舶污染海洋环境的条约通常也适用于从事海洋勘探开发活动的设施和装置。在此类公约中，关于从事海洋勘探开发的设施和装置的定义往往有两大类，第一类是将此类设施和装置与船舶分别规定，第二类是将此类设施和装置列入船舶的定义中。对于海洋勘探开发活动的设施和装置可能带来的倾倒污染，1972 年《防止倾倒废物及其他物质污染海洋公约》及其议定书也做了有关船舶的规定。从事海洋勘探开发活动的设施和装置在正常作业中的排放一般属于 1973 年的《国际防止船舶造成污染公约》及其议定书的适用范围。《联合国海洋法公约》第 194 条第 3 款 c 项规定要采取一切措施在最大范围内减少来自用于勘探或开发海床和底土自然资源的设施和装置的污染。1990 年的《国际油污防备、反应和合作公约》将近海钻井平台等设施纳入了公约的调整范围。2001 年的《国际控制船舶有害防污底系统公约》也将从事海洋勘探开发的设施和装置纳入规范之内。在防治海洋勘探开发活动污染环境方面，目前还没有专门性的全球公约。

（二）防治国际海底区域勘探开发活动污染的国际法

国际海底区域（以下简称"区域"）的开发制度主要规定在《联合国海洋法公约》第 11 部分及 1994 年的《关于执行 1982 年 12 月 10 日〈联合国海洋法公约〉第十一部分的协定》。此外，根据《联合国海洋法公约》成立的"区域"活动的主管国际组织——国际海底管理局在工作中通过了一系列"区域"不同矿物资源的探矿和勘探规章，上述文件与国际海底管理局的法律和技术委员会通过的《指导承包者评估"区域"内海洋矿物勘探活动可能对环境造成的影响的建议》共同构成了完整的"探矿守则"。2000 年的《"区域"内多金属结核探矿和勘探规章》第 2 部分"探矿"中第 2 条第 2 款规定"实质证据显示可能对海洋环境造成严重损害时，不得进行探矿"。

第六节　海洋科学研究

二战结束以来，对海洋的利用有了更大的发展，在资源开发和军事利用方面日益受到重视。然而，所有科学研究，不管是如何地"纯科学"，都可以直接或间接用于渔业、石油或矿产开采，以及军事活动。随着国家管辖范围的扩展，许多沿海国，特别是发展中沿海国，为了维护其领海、专属经济区和大陆架的主权和主权权利，要求外国在其管辖海域进行海洋科学研究应受到管制。而海洋大国则一贯以"公海自由"为借口，要求在沿海国管辖海域内享有"科研自由"。《联合国海洋法公约》第13部分为在国家管辖范围内的领海、专属经济区、大陆架内进行科学研究制定了法律制度。

一、《联合国海洋法公约》有关海洋科学研究的基本内容

《联合国海洋法公约》（以下简称《公约》）的规定反映了发展中国家的要求和主张，强调沿海国的主权和管辖权。《公约》第245条规定："沿海国在行使其主权时，有规定、准许和进行其领海内的海洋科学研究的专属权利。领海内的海洋科学研究，应经沿海国明示同意并在沿海国规定的条件下才可进行。"关于在专属经济区和大陆架上的海洋科学研究，《公约》规定："沿海国在行使其管辖权时，有权按照本公约的有关条款规定、准许和进行在其专属经济区内或大陆架上的海洋科学研究。"《公约》对国际海域的水域和海底的科学研究做了不同的规定。《公约》规定：所有国家，不论其地理位置如何，和各主管国际组织均有权依本公约在专属经济区范围以

外的水体内进行海洋科学研究。①

二、研究设施的法律地位

尽管很多海洋科学研究在船舶上进行，但是该研究也常常包括固定结构、浮标和其他漂浮物的安放，近年来还使用了无人潜艇。《联合国海洋法公约》第258条规定："在海洋环境的任何区域内部署和使用任何种类的科学研究设施或装备，应遵守本公约为在任何类似区域内进行海洋科学研究所规定的同样条件。"该规定可能产生以下影响：在领海和群岛水域内的部署和研究设施、装备的使用需要得到沿海国同意。依据水域的法律性质，这些设施和装备应服从沿海国的管辖。在专属经济区和大陆架上，沿海国的同意也是必需的。在公海海域，进行科学研究的国家可以自由地部署任何研究设施和装备，无论是用来研究水体和上空或研究海底和底土（也就是国际海底区域）。这些设施和装备的管辖权隶属于进行研究的国家。②

三、海洋科学研究的国际合作

许多海洋研究是在单一国家基础上进行的，但是也有国家间的合作，而事实上这也受到《联合国海洋法公约》的鼓励。③ 许多国际合作是制度化的，主要以非政府或者政府间国际组织的形式进行，如国际科学理事会及其附属机构。在全球层面上有几个从事海洋研究的联合国组织，如：联合国粮食及农业组织从事一系列

---

① 《联合国海洋法公约》，https://www.un.org/zh/documents/treaty/files/UNCLOS – 1982. shtml#13。

② 张晏瑆：《国际海洋法》，清华大学出版社2015年版，第392—393页。

③ 《联合国海洋法公约》第143条、第242条。

渔业研究；世界气象组织对海洋气象的监测是其工作中非常重要的部分；1960 年联合国教育、科学及文化组织建立的政府间海洋学委员会的宗旨是促进海洋科学调查，以增进对海洋性质和资源的了解。除此之外，海洋污染科学问题联合专家组对联合国不同部门所进行的海洋科学研究进行协调，国际海道测量组织协调各国航道测量部门之间的活动。许多研究合作是在区域内进行的，最早和最重要的区域性组织是成立于 1902 年的国际海洋考察理事会，其宗旨是促进和协调渔业研究；1990 年成立的北太平洋科学组织的目标是促进和协调北太平洋北部渔业和海洋污染的研究。还有地中海渔业总理事会、国际太平洋比目鱼委员会、美洲热带金枪鱼委员会、西北大西洋渔业组织、大西洋金枪鱼保育国际委员会、印度洋海洋事务合作组织、南太平洋应用地球科学委员会等或以研究为目的，或以协调成员国间研究为目的的区域性组织。①

四、海洋技术的转移

长久以来，发展中国家认为它们经济落后的一个主要原因是缺乏发达国家享有的多种技术，并且认为如果没有实质上的技术转让，它们的经济不可能得到真正发展。《联合国海洋法公约》对此做出专门规定。关于执行第 11 部分协定的附件中规定：任何申请在国际海底特定区域从事开采的国家和实体应当为企业部或国际海底管理局获得海底开采技术提供便利。第 144 条和第 274 条对国际海底管理局提出如下要求：协助发展中国家培养技术人才；为发展中国家提供海底开采的技术文件；帮助发展中国家获得海底开采技术。第 62 条规定了一国强加给其他国家渔船在其专属经济区内捕鱼的条件，其中包括对人员训练和渔业技术转让的要求。第 202 条规定：各国

---

① 张晏瑲：《国际海洋法》，清华大学出版社 2015 年版，第 393—394 页。

应直接或通过主管国际组织促进发展中国家的科学、教育、技术和其他方面援助的方案的制定和实施，以保护和保全海洋环境，并防止、减少和控制海洋污染。①

---

① 《联合国海洋法公约》，https：//www. un. org/zh/documents/treaty/files/UNCLOS – 1982. shtml#13。

第二章　印度洋蓝色经济
及其治理概述

　　印度洋是世界第三大洋，是连接欧亚的重要海上交通线，是中国"21世纪海上丝绸之路"的重要途经地，是大国战略博弈的重要舞台。印度洋地区以发展中国家为主。这里蕴藏着丰富的海洋资源，为沿岸地区的民众提供重要的生计来源，同时也对人类的可持续发展具有重要意义。对于这片海洋的治理，目前已经形成了国家、区域和国际层面的一些机制。然而这些机制在规范印度洋蓝色经济开发方面还存在着诸多不足，面临着治理赤字的问题。

第一节　印度洋概况

　　印度洋位于亚洲、大洋洲、非洲和南极洲之间，从东经20度延伸至东经147度，从北纬30度跨越到南纬40度。海洋面积为7350万平方千米，约占地球表面的五分之一。印度洋的地理学、生物学、气候、历史方面的特征对其蓝色经济资源产生着影响。

一、地理学

　　这片海洋的平均深度为3890米，其最深处7450米位于爪哇海沟。[1] 这片海洋触及 32 个国家和 18 个岛屿的海岸，其中包括非洲的 11 个国家和 6 个岛屿，亚洲的 20 个国家和 4 个岛屿，大洋洲的 1 个国家和 2 个岛屿，以及南印度洋的 6 个岛屿。这些国家中有许多实际上是由数百个岛屿组成的群岛。例如，印尼官方列出了 15708 个小岛，而马尔代夫则有 1200 个岛屿。[2] 印度洋属海较少。内海有红海和波斯湾；边缘海有西北部的阿拉伯海，东北部的安达曼海，东部的帝汶海和阿拉弗拉海；大海湾有西北部的亚丁湾和阿曼湾，东北部的孟加拉湾，澳大利亚北面的卡奔塔利亚湾和南面的大澳大利亚湾。苏伊士运河通过红海将印度洋与地中海连接起来。除此之外，印度洋还有许多从战略角度来看非常重要的咽喉要道，如曼德海峡、霍尔木兹海峡、龙目海峡和马六甲海峡等。印度所处位置具有战略性，向西与阿拉伯国家、巴基斯坦、南非、塞舌尔相连，向东与孟加拉国、缅甸和印尼相连，向南与斯里兰卡和马尔代夫相连。与大西洋和太平洋是从北极到南极的开放海洋不同，印度洋可以被看作一个海湾，这成为塑造其气候和非典型洋流模式的重要影响因素。大陆架占印度洋的 15%。这片海洋的大陆架大部分都很狭窄，平均 200 千米，但澳大利亚西海岸除外，那里的大陆架宽度超过 1000 千米。超过 25 亿人生活在印度洋沿岸国家，而大西洋为 17 亿人，太平洋为 27 亿人（有些国家与多个大洋相接）。一些大河流入印度洋并将沉积物带入其中，如赞比西河、印度河、恒河、阿拉伯河等。然而，流入印度洋的河流平均长度（740 千米）短于流入其

---

① B. W. Eakins and G. F. Sharman, *Volumes of the World's Oceans from ETO-POI*, Boulder, CO: NOAA National Geophysical Data Center, 2010.

② Ranadhir Mukhopadhyay, Victor J. Loveson, Sridhar D. Iyer and P. K. Sudarsan, *Blue Economy of the Indian Ocean: Resource Economics, Strategic Vision, and Ethical Governance*, CRC Press, 2021, p. 11.

他主要海洋的河流。[①]

　　有关这片海洋的科学研究并不多。第一次重大调查是在 1872—1876 年由英国皇家海军舰艇"挑战者号"进行的；随后是 1898—1899 年由瓦尔迪维亚探险队进行的；20 世纪 30 年代，约翰·默里探险队主要对浅水栖息地进行了研究；1947—1948 年瑞典的信天翁探险队也在其全球之旅中对印度洋进行了采样；1950—1952 年丹麦研究船"加拉塔号"沿着从斯里兰卡到南非的横断面对深水动物群进行了研究。然而，对这片海洋最全面的调查是在 1959—1965 年由印度洋国际探险队进行的。这是一个大型跨国调查项目，涉及来自 14 个国家的 45 艘科考船，收集了大量关于印度洋的生物学、化学和物理学的高质量数据。该项目由海洋研究科学委员会赞助，后来由政府间海洋学委员会赞助。在国际印度洋探险项目结束 50 周年之际，海洋研究科学委员会和政府间海洋学委员会旗下的全球科学机构俱乐部于 2015 年启动了第二轮调查。

　　在印度洋地区国家中，澳大利亚和印度在海洋研究方面处于领先地位。联邦科学工业研究组织自 1916 年在堪培拉成立以来，通过一系列海洋科学的发明和创新推动了澳大利亚的发展。自 20 世纪 60 年代以来，印度洋地区建立了许多著名机构。该地区许多一流大学成立了海洋学或环境科学方面的学院或开设了相关课程。果阿的印度国家海洋学研究所成立于 1966 年，印度洋相关研究方面居于领先地位。开普敦大学海洋研究所成立于 2006 年，代表南非在西印度洋带头开展研究。印度洋地区其他研发中心还包括毛里求斯海洋学研究所、肯尼亚海洋渔业研究所和新加坡国立大学等。随着海洋重要性的日益显现，印度洋地区几乎所有国家都设有海事研究机构。

---

①　Ranadhir Mukhopadhyay, Victor J. Loveson, Sridhar D. Iyer and P. K. Sudarsan, *Blue Economy of the Indian Ocean: Resource Economics, Strategic Vision, and Ethical Governance*, CRC Press, 2021, p. 12.

二、生物学

印度洋是所有海洋中最温暖的，这可能不太有利于海洋生物的生长。此外，它的含氧量是世界最低的，这可以归因于印度洋的快速蒸发。世界上最低和最高的水盐度都在印度洋。尽管有这种限制，但由于每年的季风（特别是在夏季前后），印度洋西部仍然可以发现大量的浮游植物。由于季风强劲，西印度洋是夏季浮游植物最集中的地区之一。季风导致沿海和公海上升流增加，从深处将营养物质带到海面，那里有足够的光线，有利于光合作用和浮游植物的生长。这些浮游植物构成了海洋食物链（浮游植物→浮游动物→大型鱼类）的基础。在金枪鱼和虾捕捞量方面，印度洋排名第二。随着越来越多的物种被列入濒危名单（儒艮、海豹、海龟和鲸鱼已经在名单上），印度洋已形成 9 个大型海洋生态系统，以开展可持续捕捞活动。这些大型海洋生态系统包括厄加勒斯海流、索马里沿海海流、红海、阿拉伯海、孟加拉湾、泰国湾、澳大利亚中西部大陆架、澳大利亚西北部大陆架和澳大利亚东南部大陆架。

三、气候

印度洋是一个大型热带暖池，与大气相互作用，对区域和全球气候产生影响。亚洲高地（喜马拉雅山）阻止热量的输出及印度洋温跃层①的通风。喜马拉雅山脉也影响了地球上最强的印度洋季风的演变，这导致洋流的大规模季节性变化，包括索马里洋流和印度季风洋流的逆转。索马里洋流是一种寒冷的海洋边界洋流，是沿索马里海岸运行的上升流，并受到印度半岛西南季风的影响（索马里上升流仅发生在西南季风期间）。独特的上升流现象发生在北半球的非

————————————

① 海洋中的一层，将上层混合层与下方平静的深水区分开。

洲之角和阿拉伯半岛附近以及南半球的信风以北。印尼通流在赤道与太平洋连通。在夏季，温暖的大陆团块从印度洋吸入潮湿的空气，从而产生强降雨。这个过程在冬天发生逆转，导致干燥的气候。这片海洋中的主导洋流主要受季风控制，包括两个大的环形洋流。其中一个发生在北半球，顺时针流动；另一个发生在赤道以南，逆时针流动。在北印度洋，由于西南季风和东北季风的变化，夏季和冬季的洋流方向完全逆转。在 6 月至 9 月的夏季，主导风是西南季风。西南季风将雨水从北印度洋带到印度次大陆。当季风改变时，旋风有时会袭击阿拉伯海沿岸和孟加拉湾。从 11 月开始，东北季风使北方的水流逆转为逆时针方向。热带气旋发生在印度洋北部的 5 月至 6 月和 10 月至 11 月以及印度洋南部的 1 月至 2 月。在南半球，风一般比较温和，但在印度洋西南部的毛里求斯和留尼汪岛，夏季风暴有时会造成毁灭性影响。南亚和东南亚的化石燃料和生物质燃烧会造成大量空气污染（也称为亚洲棕云），其影响范围可达南纬 60 度。这种污染对当地和全球都有影响。[1] 西南季风对整个南亚经济极为重要，约占该地区年降水量的 80%，对这里的发展中国家的社会经济发展具有重要影响。

四、历史活动

从美索不达米亚、苏美尔、埃及、印度河流域、底格里斯河—幼发拉底河和尼罗河开始，印度洋被认为是世界早期文明的仓库。已知最早海上贸易的记录是在埃及和索马里之间（公元前 3000 年）以及美索不达米亚和印度河流域之间（公元前 2500 年）的海洋中进行的。在印度洋航行和经商比较容易的原因之一是这片海洋比大西

① Veerabhadran Ramanathan, Paul Jozef Crutzen, etc., "Indian Ocean Experiment: An integrated Analysis of the Climate Forcing and Effects of the Great Indo – Asian Haze", *Journal of Geophysical Research* 106 (D22), 2001, pp. 28371 – 28398.

洋和太平洋平静得多。水手们过去常常利用西南和东北强大的季风前往印度并从印度返回。这可能促进了印度人和印尼人跨越印度洋前往东非、毛里求斯和马达加斯加定居。随着罗马—埃及与印度泰米尔王国之间密集贸易往来的开始，阿拉伯—印度海上航线随之开辟。1405 年至 1433 年间，郑和的船队开始穿越印度洋前往东非。1498 年，葡萄牙水手达伽马成功绕过非洲南端的好望角抵达印度卡利卡特。此后，葡萄牙、荷兰和法国装备了重型大炮，在贸易和商业方面主宰了印度洋。但到 1815 年，英国开始控制贸易和安全。随着 1869 年苏伊士运河的开通，欧洲对亚洲的贸易量增加了数倍。然而，自二战结束以来，英国在很大程度上退出了该地区，印度、苏联和美国的影响力逐渐上升。

第二节　印度洋蓝色经济资源

与其非典型的地理、地质、气候和人类历史一样，印度洋也因其在生物、非生物和能源资源方面的丰富经济潜力以及广阔的海洋活动空间而具有重要意义。这些资源为印度洋沿岸国家带来了重要的经济和就业机会。

一、生物资源

海洋是丰富的生物资源库，其中包括位于海洋食物链底层的浮游植物，也包括蓝鲸等巨型哺乳动物。然而，大多数人对鱼类更感兴趣，因为它们是这条食物链中最重要的成员。2016 年，全球约有5960 万人从事渔业相关的工作，其中 1930 万人从事水产养殖业。在这些从业人员中，36% 为全职，23% 为兼职，其余的或是偶尔从事渔业，或是未指明具体情况。[1]

（一） 渔业

全球沿海居民在很大程度上依赖渔业，这导致了与渔业相关活动的产生，例如织网、渔船制造、制造用于保存渔获物的冰块以及渔获物的远距离运输等。这些活动不仅为当地民众，也为迁徙劳动力带来了直接和间接的就业机会与生计来源。鱼类是蛋白质的主要来源，有时因消耗量巨大而导致供不应求和过度开发。随着高科技捕鱼设备的应用，渔获量上升了几个档次。在印度洋国家中，印度、印尼、泰国、孟加拉国主导着鱼类生产和贸易。2014 年，全球从事渔业的人口中，84% 来自亚洲，其次是非洲（10%）、拉丁美洲（4%）与加勒比地区（4%）。[2] 在全球范围内，海洋鱼类产量中上层鱼类占 52%，底层鱼类占 29%。在印度，82% 的鱼被机械拖网渔船捕获，12% 被机动船捕获，1% 被在海岸周围的人力独木舟捕获。[3] 印度渔业满足了约 379 万渔民的生计，满足了大部分人口的营养需求，产生了大量出口收入，并为约 100 万人提供了直接就业机会。2016—2017 年，印度内陆渔业占 68.1%，而 31.9% 的资源来自海洋。印度水域的海洋渔业潜力估计为 441 万吨，其中 47% 为底层鱼类，48% 为中上层鱼类，5% 是大洋鱼类。[4]

2016—2017 年，印度渔业出口额为 378.8 亿美元，约占国家总增加值的 0.92%。印度是世界上第二大海水鱼和淡水鱼生产国。但其第二大鱼类生产国的排名并不值得庆幸，因为它的产量仅为世界

---

① FAO，"The State of World Fisheries and Aquaculture 2018：Meeting the Sustainable Development Goals"，2018.

② FAO，"The State of World Fisheries and Aquaculture 2016：Contributing to Food Security and Nutrition for All"，2016.

③ CMFRI，"Annual Report 2015 – 16"，Technical Report of Central Marine Fisheries Research Institute，Kochi，2016，p. 294.

④ AGR，"Annual Government Report（2016 – 17）"，2016 – 2017.

第一的中国的十分之一。[1] 印度的捕鱼禁令持续约 45—61 天，即印度西海岸的禁渔期为 6 月 15 日—7 月 31 日，东海岸的禁渔期为 4 月 15 日—5 月 31 日。该禁令有助于遏制影响繁殖季节鱼类种群补充的大规模捕捞。然而，该禁令不适用于在领海进行的传统的捕鱼方式。在领海中使用双体船和非机动船只，对海洋环境造成的破坏最小。该禁令有助于海洋生物的恢复，并限制渔民在季风期间冒险进入波涛汹涌的大海太远。该禁令与其他管理措施相结合，如基于生态系统的方法、海洋保护区、禁捕区、认证、网目尺寸规定等，有助于阻止鱼类资源的下降。暂停捕鱼虽然会在短时间内影响该国的经济和人民的食品供应，但对于在一年中剩余的几个月里增强海洋的健康是必要的。此外，虽然任何沿海国家都有权在其专属经济区内捕鱼，但由于在海上划定专属经济区很难，渔民可能会无意中穿越专属经济区，或者为了获得更大的渔获量而受到诱惑。印度各邦之间、印度和斯里兰卡之间以及印度和巴基斯坦之间经常会发生这种情况。

（二）生物产品、制药和生物技术

具有无限生物和化学多样性的海洋生态系统是化学物质的丰富来源，可用于多种行业，例如农用化学品、食品添加剂、杀虫剂、精细化学品、化妆品、药品、营养补充剂（保健品）等。此外，生物聚合物在伤口敷料、组织再生、生物粘合剂和生物可降解塑料方面有广泛的应用。[2] 来自海藻、水母、海绵动物等的药物和膳食产品可用于治疗糖尿病、癌症、病毒和细菌感染、过敏、炎症等。[3] 在印

---

[1] Ranadhir Mukhopadhyay, Victor J. Loveson, Sridhar D. Iyer and P. K. Sudarsan, *Blue Economy of the Indian Ocean: Resource Economics, Strategic Vision, and Ethical Governance*, CRC Press, 2021, p. 31.

[2] Susan Libes, *Introduction to Marine Biogeochemistry*, 2nd edition, Amsterdam: Academic Press, Elsevier, 2009.

[3] A. Saravanan and Debnath D. , "Patenting Trends in Marine Biodiversity: Issues and Challenges", *Pharma Utility*, Vol. 7, No. 4, 2013, pp. 1 – 13.

度、中东，海洋生物长期以来一直以各种形式用于传统药物的生产，例如汤剂、片剂、丸剂、粉末、糖浆、发酵液、香精等。随着海洋生物技术和制药技术的提高，硅藻土被用作杀虫剂、过滤介质和研磨剂；各种海藻用于治疗水肿、月经紊乱、胃肠道疾病、脓肿和癌症；海绵被用于治疗肿瘤、痢疾、腹泻、止血以及用作避孕药。

二、非生物资源

可见和可食用的生物资源为公众所熟知，但人们不太熟悉的是海洋中还储藏着丰富的矿物和金属资源。人们每天都在使用这些资源，它们可以以商业规模开采并赚取利润。海洋采矿可以减轻寻找陆基矿床的压力，也会减少人们在陆基采矿过程中对环境破坏的担忧，并有助于进一步研究和寻找现有矿物和金属的更多替代性选择。

（一）沿海砂矿和近海矿产

海滩、专属经济区、大陆架和深海中蕴藏着各种矿床。在海滩和近海蕴藏的矿物质是由陆地岩石遭到侵蚀后被冲击至海所形成的。随着时间的推移（数百万年），这些矿物被浓缩成砂矿矿床，可以以商业和工业目的对其进行经济开发。与砂矿有关的矿产有金、锡、金刚石、金红石等，它们在国防、冶金和尖端科学上都占有重要地位。印度马哈拉施特拉邦和奥里萨邦的沿海地区蕴藏着大量磁铁矿和钛铁矿，在马哈拉施特拉邦发现了铬铁矿，在泰米尔纳德邦、喀拉拉邦和奥里萨邦的南部地区发现了锆石（用作人造钻石的含锆矿物）、含稀土元素的独居石和钍（一种放射性元素）。印度矿业部通过印度矿业局将采矿区块分配给陆上和海上的私人参与者。海滩砂矿的开采比较简单，可以通过人力或机器挖取，而海上采矿则需要使用大型机械设备挖取和疏浚沉积物。显然，在开采、提炼和尾矿处置过程中会产生环境问题，如沙丘的消失、植被的清除、高潮线的移动、海岸形态的变化、堆积和侵蚀速度的变化、废水的处理、地下水的滥用和污染，以及海洋生物的破坏等。

（二）深海矿物

深海经济矿床为热液矿物、富钴铁锰结壳和多金属结核。它们储藏于大洋中脊（7万千米长的水下山脉，水深为2500米）、海山（位于不同水深的水下火山）和远离大洋中脊的深盆（水深超过5000米）中。由于冷海水和火山岩相互作用而形成热液矿物，火山岩的浸出导致金属矿物和铁、铜、铅、锰、金、银、铂等矿石的形成和沉积。近年来在印度洋中沿嘉士伯、中印度和西南印度海脊也发现此类矿床。与3D热液矿不同，在超过5000米水深的海洋盆地中，多金属或锰结核是2D矿床。自20世纪70年代以来，三大洋中的结核资源情况得到了广泛的研究。大小不一的黑色结核（通常直径为2—6厘米）通常有风化岩块核，有时还有鲨鱼牙、较古老的结核和沉积物碎屑，核上有铁、锰、铜、钴、镍、锌和许多来自海水的其他元素。在这些金属中，最重要的是钴和镍，因为其他金属在很多国家的陆地矿床中已发现较为丰富的储藏。深海资源的开采不仅需要专门的技术，而且比开采陆地矿床的成本更高。一旦技术得到发展，环境问题得到解决，采矿机制建立起来，各国从深海中回收金属的日子也许就不远了。

三、能源资源

每个国家的经济发展都需要能源。考虑到化石燃料的有限性、开发这些资源所产生的环境问题和使用过程中对气候变化的影响，我们必须致力于替代能源的寻找。与不可再生能源相比，海洋是可再生能源和清洁能源的最佳来源。这些能源如海上太阳能和风能、潮汐能、波浪能、盐差能等。根据国际可再生能源机构的数据，在未来 15 年内，全球对一次能源①的需求将增长 40%，其中亚洲的需求将非常大。到 2050 年，装机容量为 8500 吉瓦的太阳能和 6000 吉瓦的风能将占全球发电量的五分之三。② 从 2014 年 1 月 21 日在阿联酋举行的印度洋可再生能源部长级论坛可以看出，印度洋地区国家已采取措施探索和开发潜在的可再生能源。印度政府通过为投资者提供免税期、允许 100% 外国投资、基于发电的激励措施等鼓励开发可再生能源。印度政府将太阳能、风能、生物质能和小规模水电能确定为可再生能源的四个关键部门。③

　　总体而言，目前具有开发前景的海洋可再生能源主要涉及如下几种。第一，海上太阳能的利用。陆上太阳能的利用在很多国家已很普遍，然而，陆上太阳能电池板的局限性在于它们往往会变脏，从而导致效率降低，并且需要劳动力和大量的水来保持电池板清洁。相比之下，通过使用光伏电池或聚光太阳能来开发海上太阳能的潜力巨大。虽然安装海上太阳能电池板比陆上太阳能电池板更昂贵，但缺点很少，从长远来看可以弥补成本。作为蓝色经济的重要部门，许多印度洋地区国家需要转向太阳能以补充现有的发电短缺。第二，海上风能的利用。地球各部分受热不均导致较轻和较暖的空气取代相对较冷和较重的空气，这引发了海面上大量风运动和循环。2014 年全球风力涡轮机或工厂的年度总安装量为 8759 兆瓦，其中 91% 位于欧洲水域。英国拥有欧洲最大的海上风电装机容量，占欧洲总装

---

　　① 按基本形态分类，能源可分为一次能源和二次能源。一次能源，即天然能源，指在自然界现已存在的能源，如煤炭、石油、天然气、水能等。二次能源指由一次能源加工转换而成的能源产品，如电力、煤气、蒸汽及各种石油制品等。一次能源又可分为可再生能源（水能、风能及生物质能）和不可再生能源（煤炭、石油、天然气、油页岩等）。

　　② IRENA，"Global Energy Transformation：A Roadmap to 2050"，Abu Dhabi，2019.

　　③ Government of India，"Strategic Plan for New and Renewable Energy Sector for the Period 2011 – 17"，Ministry of New and Renewable Energy，New Delhi，2011.

机容量的 55% 以上。[①] 美国和中国也开始研究海上风能利用的可能性，印度在研究海上风力发电的前景。第三，波浪能的利用。当风吹过海面时，水域充当风能的载体，这可以通过使用合适的波浪能转换器（如衰减器）对其加以利用。波浪能的利用取决于诸如位置、波浪高度和波浪频率等因素。波浪能的有效利用可以为沿海人口提供更多能源。第四，海洋热能转换的利用。与海洋的深层相比，太阳光线更快地加热海洋的上表面。基于这一基本认识，可利用暖上层和深达 1000 米的冷海水之间的温差通过海洋热能转换进行发电。要实现海洋热能转换，表面海水和深层海水之间的温度变化至少应为 22℃ 以上，这种温差可以通过涡轮机转换进行发电。如此程度的热变化在热带地区很常见，因此可以在赤道和南北纬 30 度之间有效利用热能转换。海洋热能转换的效率为 90%—95%，是可再生能源和不可再生能源领域所有发电技术中最高的。第五，潮汐能的利用。地球和月球之间的引力导致涨潮和退潮，这导致潮汐周期每 12 小时发生一次。在涨潮时，海水通过河流入海口进入河口，而在退潮时，水流方向相反。在这个流入和流出的过程中，水携带着能量，可以根据面积、水流速度等对这种潮汐能加以利用。早期的潮汐发电厂通过在盆地开口处建造拦河坝来利用自然形成的潮汐盆地。在涨潮时，盆地被填满，在退潮时通过水轮之类的能量转换装置释放蓄水。20 世纪 60 年代，在法国圣马洛附近建造了第一座商业规模的现代潮汐发电厂。潮汐能相对于太阳能、风能和波浪能是高度可预测的。一般潮汐变化为 4.5—12.4 米，但要经济地获得潮汐能，至少需要 7 米的变化来启动涡轮机。拥有潮汐技术的国家有加拿大、中国、法国、日本、韩国、俄罗斯、西班牙、荷兰和英国等。印度和菲律宾

① S. K. Mohanty, Priyadarshi Dash, Aastha Gupta and Pankhuri Gaur, *Prospects of Blue Economy in the Indian Ocean*, Research and Information System for Developing Countries, New Delhi, 2015, pp. 42 – 43.

正计划建造潮汐拦河坝。①

四、海洋活动

除了从海洋中开发生物资源和非生物资源外，还有一些海洋活动也构成了蓝色经济的重要组成部分，如港口和码头、海上贸易、安全保护（包括打击海盗）、旅游和娱乐等。这些活动可以直接或间接促进印度洋地区国家的就业、经济增长、投资、创新等。

（一）沿海旅游休闲

在全球范围内，沿海地区是最受欢迎的度假目的地，因为沿海地区气候宜人，可以缓解热带地区的炎热、灰尘和大多数温带国家常见的冰冷气候。沿海旅游涉及划船、冲浪、钓鱼、寻找沉船和宝藏、游泳、潜水等。此外，邮轮是蓝色经济中具有前途的组成部分。所有这些活动都促进了沿海地区的发展、基础设施的改善、就业的增加等，这在马尔代夫、斯里兰卡、塞舌尔、新加坡和泰国等沿海和岛屿国尤为明显。而为了简化旅行手续并增加沿海旅游业的客流量，印度在多个机场和海港为他国公民提供电子签证服务。

（二）海上贸易

全球贸易主要是通过海运进行的，因为海上运输成本较低，减少了碳足迹，并且可以一次性运输大量货物。数以千计的商船，如油轮、散货船（运输煤炭、谷物、豆类、矿石等）和集装箱船在海洋中纵横交错进行贸易，其中大部分穿越印度洋。海运的一个重要方面是减少温室气体的排放，其中包括《联合国气候变化框架公约》下的《巴黎协定》和联合国 2030 年可持续发展议程，特别是可持续发展目标 13，提议采取紧急行动应对气候变化及其影响。从 2020 年

---

① GWEC, "Global Wind Report", 2018.

1月1日起，船上使用的燃油中硫含量的全球限制为0.5%，这将有助于减少船舶源空气污染并对人类健康和环境产生积极影响。[①]

（三）港口和码头

港口和码头是一国境内外运输、邮轮停泊和海上娱乐活动的重要基础设施。港口相关活动包括拖带和拖船的使用、引航和泊位锚地、船舶修理、移民和海关服务以及货物的处理和仓储等。印度、阿联酋、伊朗、马来西亚、印尼、新加坡、泰国、阿曼、南非和澳大利亚的海运服务显著增强，其中包括货物和乘客的运输。为了充分发掘海洋资源的潜力，印度正努力加强其国内大型现代化项目。例如，印度航运部于2015年启动的萨加马拉项目，致力于对其主要和次要港口进行开发，并通过铁路和公路与腹地连接。这有利于增加就业机会，改善海洋生态系统和发展沿海经济。造船及修理业可以与大量相关产业一起发展，并加速工业增长。

（四）邮轮业

虽然飞机是首选的快速交通工具，但仍有成千上万的乘客乘坐豪华邮轮。与蓝色经济的某些行业相比，全球客运邮轮行业发展缓慢，但仍在稳步增长。这与一些发展中国家的经济状况有所改善和工资水平提高等因素相关。在这方面，印度洋地区可能是潜在市场。除了船上设施、娱乐和食品外，邮轮行业还涉及陆上活动（如参观名胜古迹），所有这些都可以促进相关国家的经济发展。加勒比海和地中海是两个最受欢迎的邮轮目的地。近年来，邮轮行业正将目光投向亚洲市场，而澳大利亚和非洲被视为潜在目的地。[②]

---

① UNCTAD, "Review of Maritime Transport", 2018.

② ITF, "Global Trade: International Freight Transport to Quadruple by 2050", January 27, 2015.

（五）　辅助服务

自从人类开始在公海航行并寻找新的土地进行征服、贸易或定居以来，一些活动的标志（古迹）就被留在了沿海地区。例如，在印度，人们对一些古迹存在兴趣，像古吉拉特邦德瓦卡沉没的城市（有证据表明历史上这里曾经存在过一座城市），印度东海岸和西海岸有几个地区曾发现沉船，在果阿、泰米尔纳德邦和奥里萨邦发现了海洋贸易的遗迹等，因此可以对其进行开发以作为蓝色经济的组成部分。蓝色经济还催生了一系列辅助服务，例如开发更好的海洋观测卫星、近海商业、保险服务、银行服务、船舶的建造和租赁、海洋通信的改进、天气和海洋状况的预测等。此外，酒店和度假村、船舶搬运、修船、船舶打捞和拆船都是重要的辅助服务。超过90%的造船活动发生在中国、日本和韩国，而79%的船舶拆解发生在南亚，特别是孟加拉国、印度和巴基斯坦。[1] 此外，海盗活动是一种由来已久的公海犯罪，它持续困扰着航运业。除了海军舰艇监测公海外，使用卫星遥感技术也可以发现海盗的存在。近年来，印度太空研究组织和法国航天局太空研究中心决定联手对印度洋进行海上监测。卫星网络将有助于探测、识别和跟踪在印度洋航行的船只，以保护它们免受海盗的侵害。[2]

第三节　印度洋蓝色经济治理机制

印度洋蓝色经济治理涉及国家、区域和全球层面的规范与组织。在国家层面，大多数印度洋沿岸国家都制定了与经济开发和环境管

---

① UNCTAD, "Review of Maritime Transport", 2018.

② TOI, "Piracy and Maritime Safety", *The Times of India*, March 9, 2019.

理有关的法律法规；在区域层面，环印联盟是最为重要的组织；在全球层面，很多有关气候变化与物种保护等议题的公约也适用于印度洋地区。

一、国家层面治理机制

大多数印度洋地区国家都制定了各自的政策和法律，分别解决与粮食安全、环境保护（包括陆地和海洋）和气候变化有关的问题。南非宪法明确规定人们在有权获得自然资源的同时也有权生活在有利于人类健康的环境之中，以解决可持续发展和生态完整性问题。[1] 该国颁布了许多相关的政策和法律，例如 1989 年的环境保护法、1998 年的国家环境法、2004 年的生物多样性法和灾害管理法、2008 年的综合海岸管理法，旨在应对可持续发展挑战、实现代际公平和维护民众享有良好环境的权利。[2] 此外，渔业部门有一个专门法规——1998 年的海洋生物资源法，涵盖空间规划、商业捕鱼许可证和海洋资源可持续利用等方面。尽管有这些法案，但总体而言，南非仍然缺乏确保粮食安全和应对气候变化的协调行动。另外一个印度洋沿岸非洲国家莫桑比克也出台了相关法规，如林业和野生动物法、渔业法、环境法、国家适应行动计划等，这些法规的重点是海洋环境的综合和可持续管理。然而，莫桑比克总体治理框架不够完备，导致其在自然资源开发和环境保护方面的监督机制薄弱。大多数印度洋地区国家，尤其是小岛屿发展中国家都存在类似的情况。因此，虽然人们意识到与气候变化和环境退化相关的风险对海洋资

---

[1] "Conservation Management in South Africa", University of Pretoria, https://repository.up.ac.za/bitstream/handle/2263/26679/02chapter3 - 4.pdf? sequence = 3&isAllowed = y.

[2] Erika J. Techera, "Supporting Blue Economy Agenda: Fisheries, Food Security and Climate Change in the Indian Ocean", *Journal of the Indian Ocean Region*, Vol. 14, Iss. 1, 2018, pp. 7 - 27.

源的可持续利用产生影响，但能力不足和治理不善成为蓝色经济可持续开发的瓶颈。

二、区域层面治理机制

印度洋沿岸地区历来缺乏以粮食安全、可持续增长和气候行动为重点的强大区域框架，但近年来该地区国家主要通过环印联盟提出了一些区域性方法和举措。环印联盟成立于 1997 年，其宗旨是实现"地区和成员国的持续增长和平衡发展，为地区合作创造共同基础"。[①] 其相关计划，如"渔业支持单位"，在面临非法捕捞和种群枯竭的情况下，努力平衡渔业部门的增长并限制海洋污染。因此，环印联盟最适合为与气候变化和粮食安全相关的行动提供框架。环印联盟于 2013 年通过的《珀斯公报》致力于"和平、生产性和可持续地利用海洋及其资源"，支持可持续的海洋资源管理，同时通过能力建设打击非法捕捞。[②] 由于一些国家近年来专注于蓝色经济议程，推动其发展的能力建设计划和讲习班获得了更大的推动力。2017 年《雅加达协定》重申了要采取以科学为基础的方法、促进可持续做法、加强能力建设、解决渔业部门犯罪和加强渔业支持单位对渔业管理的承诺。[③]

除了环印联盟领导下的努力外，该地区的大型海洋生态系统倡议也为区域层面的海洋环境保护做出了重大贡献。非洲大型海洋生态系统一直通过伙伴关系的建立来防止气候变化风险。孟加拉湾大型海洋生态系统倡议致力于改善渔业管理和治理框架，以增强海洋

① Saman Kelegama, "Can Open Regionalism Work in the Indian Ocean Rim Association for Regional Co‐operation?", *ASEAN Economic Bulletin*, 1998, pp. 153–167.

② 14th Meeting of the Council of Ministers of the Indian Ocean Rim Association, "Perth Communiqué", October 9, 2014.

③ Jakarta Concord, "The Indian Ocean Rim Association: Promoting Regional Cooperation for a Peaceful, Stable and Prosperous Indian Ocean", March 7, 2017.

生态系统的适应能力和恢复能力。[①] 此外，印度洋现有的区域机构也建立了伙伴关系，对该区域的研究和管理活动进行协调。例如，西南印度洋渔业项目和联合国环境规划署的处理西印度洋的陆上活动项目合作创建了西印度洋可持续生态系统联盟，采用综合方法进行大规模的海洋治理。[②]

尽管采取了一些值得注意的举措，但印度洋在区域层面很大程度上仍然缺乏统一的法律和政策框架。例如，虽然印度洋委员会制订了 2016—2020 年区域气候行动计划，但由于其主要关注区域经济发展，该计划的实施很少。一些区域协定，如《非洲自然和自然资源保护公约》《保护、管理和开发东非区域海洋和沿海环境的内罗毕公约》，以及东南亚国家联盟在生态系统保护和气候变化领域一直很活跃。然而，由于它们的范围超出了该地区，它们在促进印度洋地区的区域协调方面只能发挥有限的作用。[③]

三、全球层面治理机制

各种全球性协议为印度洋地区的法律和政策提供了一个共同的平台。大多数印度洋国家已经批准了重要的国际环境条约和海洋治理框架，这些条约和框架对保护海洋环境的义务进行了规定。其中包括《联合国气候变化框架公约》《生物多样性公约》《迁徙物种公约》《濒危物种国际贸易公约》《联合国海洋法公约》以及《跨界鱼

---

① Elayaperumal Vivekanandan, Rudolf Hermes and Chris O'Brien, "Climate Change Effects in the Bay of Bengal Large Marine Ecosystem", Environmental Development, Vol. 17, 2016, pp. 46 – 56.

② Benedict P. Satia, "An Overview of the Large Marine Ecosystem Programs at Work in Africa Today", Environmental Development, Vol. 17, 2016, pp. 11 – 19.

③ Aparna Roy, "Blue Economy in the Indian Ocean: Governance Perspectives for Sustainable Development in the Region", *ORF Occasional Paper*, January 2019, p. 15.

类种群协定》。然而，在实现这些协议所规定的目标方面缺乏具体的指导方针。覆盖 18 个区域的联合国环境规划署区域海洋计划和包括印度、孟加拉国、斯里兰卡、巴基斯坦和马尔代夫在内的南亚海洋计划侧重于沿海地区综合管理、环境影响和气候变化问题。然而，它们缺乏对渔业的关注以及在超越成员国边界的行动方面存在的局限性为其在整个印度洋的计划实施带来挑战。在渔业领域，联合国粮食及农业组织在标准制定、数据传播和最佳实践准则制定方面发挥着最突出的作用。总体而言，与通过区域机构开展合作的太平洋岛国地区不同，虽然有许多全球性协定、项目和计划正在印度洋地区运作，但"它们很少涉及所有相关国家或在整个区域的基础上处理渔业和粮食安全问题"。①

第四节　印度洋蓝色经济治理面临的挑战

虽然印度洋国家通过历史纽带和海洋相互联系，但它们在人口、国家规模、自然资源和文化遗产方面的多样性使得有效的区域合作面临诸多困难。虽然环印联盟成立后印度洋地区的合作取得了一些进展，但该地区"距离成为具有共同价值观的社区还很远"。②

---

① Erika J. Techera, "Supporting Blue Economy Agenda: Fisheries, Food Security and Climate Change in the Indian Ocean", *Journal of the Indian Ocean Region*, Vol. 14, Iss. 1, 2018, pp. 7 – 27.

② Brahma Chellaney, "Indian Ocean Maritime Security: Energy, Environmental and Climate Challenges", *Journal of the Indian Ocean Region*, Vol. 6, Iss. 2, 2010, pp. 155 – 168.

一、印度洋蓝色经济治理差距

印度洋的治理安排存在若干差距，阻碍了该地区蓝色经济增长。此外，涉及不同主权法律、区域安排和国际法的复杂监管环境也带来了额外的挑战。虽然大多数印度洋国家制定了自己的渔业法规，但由于数据和能力方面的限制，它们缺乏适当的标准、指导方针和执法机制。[①] 印度洋地区国家面临着城市化、工业化和移民等挑战，导致对海洋自然资源的过度开发。预计到 2050 年，这些国家的人口将急剧增长，届时印度洋地区将会容纳世界上近一半的人口。非洲地缘政治和地缘经济的快速崛起将会助长这一人口发展趋势。这将会使该地区蓝色经济治理面临的挑战进一步加剧。[②] 例如，塞舌尔等国家已经在经历快速的城市化，这给有限的土地和沿海资源增加了压力。在这种情况下，在有效的法律和政策支持下，确保对海洋生态系统进行适当的环境管理至关重要。

包括海产品在内的粮食安全是一项全球挑战。印度洋地区海产品资源丰富，是全球捕捞的主要地区之一。该地区有超过 8 亿人依赖海产品来满足他们对蛋白质的需求。[③] 由于许多亚洲和非洲农业经济体可能会受到气候变化的影响，预计它们对海产品的依赖将会增加。与此同时，渔业已经受到海洋污染和非法捕捞的严重影响，从而破坏了生态系统的稳定并对各种海洋物种的种群产生了负面影响。

---

① Joris Larik et al. , "Blue Growth and Sustainable Development in Indian O-cean Governance", The Hague Institute for Global Justice Policy Brief, 2017.

② Philip E. Steinberg, "The Maritime Mystique: Sustainable Development, Capital Mobility, and Nostalgia in the World Ocean", *Environment and Planning D: Society and Space*, Vol. 17, Iss. 4, 1999, pp. 403 – 426.

③ Dennis Rumley, Sanjay Chaturvedi, and Vijay Sakhuja, eds. , *Fisheries Exploitation in the Indian Ocean: Threats and Opportunities*, Institute of Southeast Asian Studies, 2009.

气候变化可能会加剧负面影响并导致海洋物种的进一步退化。侵蚀和洪水等气候变化影响可能导致红树林等沿海栖息地的丧失，从而影响物种的繁殖。酸化和海水温度上升破坏了对各种海洋物种至关重要的珊瑚礁。气候变化的影响不仅对海洋物种本身来说是灾难性的，而且对依赖它们的社区来说也是灾难性的。

虽然国家层面的渔业法规可能已经存在了几个世纪，但印度洋缺乏覆盖所有沿岸国家或确保各种物种的统一的区域安排。此外，缺乏治理机制和糟糕的数据与资源表明可用于应对挑战的机构、资金和技术都很少。在海洋资源的管理方面，目前还没有一个单一的组织涵盖印度洋沿岸的所有国家。例如，《南印度洋渔业协定》仅涉及 8 个国家。考虑到该组织仅涵盖南印度洋公海的这一局限性，其他国家加入的机会受到限制。印度洋金枪鱼委员会和南印度洋渔业委员会的情况类似。尽管印度洋金枪鱼委员会的影响范围更广，但它仅限于解决金枪鱼这一物种，从而使不同地理区域的其他物种不受保护。此外，区域条约对南印度洋的关注忽视了对印度洋北部地区公海中非高度洄游、共享和跨界渔业资源的监管问题。孟加拉国和缅甸等不属于这些条约成员国的国家继续在相关地区捕鱼。①

二、海洋缺乏有效控制的原因

正如浪漫主义诗人、旅行家拜伦勋爵在大约两个世纪前所观察到的那样，尽管人类掠夺了这片土地，但至少他们的干预在很大程度上停止在岸边。然而，随着人类向海洋的挺进，这种情况已经改变。很多证据表明世界海洋的不完美状态，无论是废物处理、过度捕捞、物种损失，还是海盗对航运的威胁。然而，与陆地情况不同的是，在海洋上缺乏控制和改善局势的手段。缺乏有效控制的原因

---

① Global Ocean Commission，"From Decline to Recovery: A Rescue Package for the Global Ocean"，2014.

之一是，传统上海洋被视为陆地的边缘地带。对个人而言，陆地是一切重要事情发生的地方：对大多数人而言，陆地是他们的家和工作的地方，是他们感到安全和熟悉的地方。相比之下，大海是一个无法定义的"他者"，一个充满危险的没有边界的广阔空间。同样，对国家而言，土地是其大部分财富的来源，由国际法院承认的边界明确界定。海洋经常被视为一种额外的资源，大部分是免费的，人类对它的责任相对较少。缺乏有效控制的原因之二纯粹是物理上的，从海岸上看到的大海被遥远的地平线所限制。在这个地平线之外是一个巨大的未知数，看不见，想不到。经验丰富的水手说，当海岸线消失在视线之外，进入一个看似属于自己的世界时，一个人的心理会发生变化。这种生理和心理现实也得到了法律现实的支持：在一个国家的直接领地水域和更广泛的专属经济区（均在国际法中得到承认）之外，秩序框架崩溃了。公海不在任何一个国家的管辖范围之内，在最糟糕的情况下，它既属于每个人也不属于任何人。另一个物理方面的因素是海洋的绝对规模。这种规模不仅体现在其所覆盖的地球表面，也体现在表面下所隐藏的海水规模和最深水域下海底的状况。目前人类对这一巨大规模海底世界的了解还十分有限。缺乏有效控制的原因之三是海上控制不力。这也是国家利益高于国际利益的结果。众所周知，任何类型的协议通常只有在长时间谈判后才能达成，并且通过妥协和权衡尽量让所有相关国家都参与进来。其中的危险可能在于做出让步的代价是牺牲解决方案的有效性和全面性。在这样的背景之下，海洋治理永远不会是一个完美的体系。

三、联合国在海洋治理中的角色

荷兰法学家格劳秀斯在 17 世纪早期写了一篇文章，认为他的国家完全有权航行到东印度群岛以开拓贸易，没有其他国家应该对这一权利提出异议。对于格劳秀斯来说，大海是向所有人开放的——这是一项共同资产。但这种放任自流的观点早已不复存在，未来海洋的健康将取决于国际控制框架已日益成为共识。正是这个必需的框架构成了海洋治理。国际社会如何最好地利用海洋，选项之一是允许国家之间"人人自由"，之二是建立初步的秩序。毫不奇怪，第二个选项受到青睐：良好的秩序是一切美好事物的基础。[①] 正因为如此，联合国凭借其全球影响力于 2015 年 10 月通过了 2030 年可持续发展议程。这项议程的重要性再怎么强调也不为过。虽然它本身并没有建立新的治理体系，但它至少清楚地表明了海洋在努力实现可持续发展目标方面的重要性，并指出了具体应做的事情。2030 年可持续发展目标 14（以下简称目标 14）旨在确保可持续利用海洋和海洋资源。除了这一大目标外，目标 14 还包括捕捞、海洋污染以及采取措施限制海洋酸化和气候变化影响等方面的具体目标。目标 14 的最后一段提到了海洋治理，其中建议"根据《联合国海洋法公约》所规定的保护和可持续利用海洋及其资源的国际法律框架，加强海洋和海洋资源的保护和可持续利用"。[②] 这无疑引出了一个问题，即这个现有的法律框架是否足以进行所需的改变。事实仍然是，从国际到国家的海洋治理存在诸多缺陷。在国际层面，意图是好的，但实现这些意图的力量是不够的。在国家层面，一些国家正在努力确保海洋的可持续利用，而其他国家则继续在不适当地考虑国际规范的情况下行事。

[①]　Dennis Hardy, "Challenges of Indian Ocean Governance: The Context of the Seychelles", in Vishva Nath Attri and Narnia Bohler – Muller (eds.), *The Blue Economy Handbook of the Indian Ocean Region*, Africa Institute of South Africa, 2018, p. 173.

[②]　联合国网站，https://www. un. org/sustainabledevelopment/zh/oceans/。

第三章 主要大国蓝色经济战略

随着以陆地为基础的经济发展因资源消耗和环境污染等原因而面临瓶颈，世界主要经济体都将以海洋为基础的蓝色经济置于其国家发展战略的突出位置。本章主要对北美洲的美国和加拿大，亚洲的中国、日本和韩国，欧洲的英国、俄罗斯、法国、德国和欧盟的蓝色经济概况及蓝色经济战略进行介绍与分析。

第一节 北美洲大国蓝色经济战略

一、美国蓝色经济战略

（一）美国蓝色经济概况

美国是真正的海洋国家，被太平洋、大西洋和北冰洋环绕，海洋资源十分丰富。2018 年，包括商品和服务在内的美国蓝色经济为美国的国内生产总值贡献了约 3730 亿美元，支持了 230 万个就业岗位，并且增长速度超过了美国整体经济的增长速度。[①] 美国蓝色经济的主要活动领域包括生物资源、海上矿产开采、海洋建设、船舶建造、海上运输以及旅游和休闲。海上矿产开采主要是石油和天然气，同时也开采石灰石、沙子和砾石。该行业是资本密集型行业，需要

---

① NOAA, "NOAA Blue Economy Strategic Plan 2021 – 2025", 2021.

高技能的工人，这些工人必须能在海上危险的条件下工作，因此他们的平均工资要远高于全国平均水平。海洋建设涉及航道疏浚、海滩养护和码头建设。海洋建设活动主要集中在德克萨斯州、佛罗里达州、加利福尼亚州和路易斯安那州。船舶建造不仅涉及建造商船、游乐船、渔船、渡轮等海洋船舶，还提供维修保养服务。海洋运输包括深海货物运输、海上客运、管道运输、仓储、导航设备制造等与运输相关的所有业务。旅游和休闲行业是劳动密集型行业，靠近海岸地区的酒店和餐馆的就业人数占该行业就业人数的93.9%。[①]

（二）美国蓝色经济管理

美国国家海洋和大气管理局（以下简称管理局）是隶属于美国商务部的科技部门，其主要任务是了解和预测地球环境的变化，维护和管理海洋和沿海资源，以适应国家的经济、社会和环境需要。管理局是于1970年由尼克松总统建议，将原有的美国海岸测量局（1807年成立）、气象局（1870年成立）和渔业管理局（1871年成立）收编而成，划归美国商务部管辖。管理局下辖的部门包括：美国国家气象局，美国国家海洋局，美国国家海洋渔业局，美国国家环境卫星、数据及信息服务中心，海洋和大气研究中心，以及规划、计划和综合处。管理局有四个目标，集中在生态系统、气候、气象和水，以及贸易和运输方面：（1）保证资源的可持续利用，在利用沿海和海洋生态系统过程中维持人类与自然关系的平衡。（2）了解气候的变化，包括全球的气候变化和厄尔尼诺现象，保证美国可以采取适当的对策。（3）提供气象和水循环预报的数据，包括风暴、干旱和洪水的数据。（4）提供气候、气象和生态系统的信息，保证个人和商业运输安全、有效和不能破坏环境。管理局在社会中有几项具体作用，其受益者不仅限于美国经济：（1）环境信息的供应者。

---

① NOAA, "National Oceanic and Atmospheric Administration (NOAA) Report on the US Ocean and the Great Lakes Economy", 2018.

管理局为其客户和伙伴提供海洋与大气的现状。这一点管理局已通过美国国家气象局的天气预报和警告实行。不仅如此，管理局的信息提供已扩展到气候、生态系统和贸易。（2）环境管理服务的提供者。管理局也是美国沿岸和海洋环境的服务者。与联邦、州、地方还有国际行为体进行合作，管理局管理这些环境的使用，调节渔业和海洋保护区，同时也保护濒危物种。（3）实用科学研究的领导者。管理局为以下四项全球认定的重要领域提供准确客观的科学信息：生态系统、气候、气象和水，以及贸易和运输。管理局的五个基本活动包括：使用器械和数据收集系统监督观察地球系统；通过调查分析数据理解并描述地球系统；评定预测这些系统的变化；向公众和伙伴组织提供重要信息；为更好的社会、经济和环境管理自然资源。

（三）美国蓝色经济战略

为加强对海洋经济的统计和研究，美国国家海洋和大气管理局（以下简称管理局）于 2000 年启动了国家海洋经济项目，开展美国海洋和海岸带经济研究，旨在将人类活动的性质、范围、价值与海洋和海岸环境联系起来，为美国提供最新的海洋和海岸带自然资源和社会经济数据，并预测美国海洋和海岸带经济的发展趋势。从 2008 年起，管理局的海岸服务中心依托数字海岸项目成立"经济：国家海洋监测"数据系统，定期发布国家海洋经济项目研发的数据产品和评估产品，逐步建立起了官方的国家海洋经济统计体系。2021 年 1 月，管理局发布的《蓝色经济战略计划（2021—2025）》重点提出管理局要通过内部行动推进以下五个领域：海上运输、海洋勘探、海产品竞争力、旅游休闲业以及沿海韧性。其战略目标包括：（1）推进管理局对海洋运输的贡献。（2）绘制、探索和描述美国专属经济区的特征。（3）执行关于促进海产品竞争力和经济增长的行政命令。（4）扩大美国海洋、海岸和五大湖的旅游和休闲机会。（5）增强美国海洋、海岸和五大湖沿岸社区的复原力。（6）改善跨领域的内部重点领域以实现美国蓝色经济的可持续增长。（7）利用跨领域的外部机会发展美国蓝色经济。[1]

二、加拿大蓝色经济战略

（一）加拿大蓝色经济概述

加拿大拥有世界上最长的海岸线，是可持续海洋经济高级别小组的成员之一。[2] 加拿大蓝色经济的重要部门包括商业渔业、自给性渔业和休闲渔业，旅游，航运和海洋运输，海洋可再生能源和水产养殖。2018 年，加拿大的商业渔业为其经济贡献了约 37 亿美元，并为渔民、船员和海产品包装工人提供了约 7 万个工作岗位。[3] 其主要参与者包括原住民社区、渔业员工、教育工作者、非营利组织、科学家、企业、娱乐用户和娱乐组织，以及对海洋资源和区域的使用具有管辖权的政府机构。加拿大的历史、地理、社会和联邦制产生了许多影响其蓝色经济活动公平性的独特属性。在所有蓝色经济政策决策中都必须考虑加拿大的这些背景因素。鉴于殖民主义的历史，如何实现与原住民的和解在蓝色经济规划中占据重要位置。原住民是海洋区域和资源的固有权利持有者，长期以来一直按照自己的法律和习俗可持续地管理这些区域。原住民的管理方式可带来更大的生物多样性。原住民的权利经常面临被非原住民基础设施开发和采

---

[1]　NOAA，"NOAA Blue Economy Strategic Plan 2021 – 2025"，2021.

[2]　成员包括澳大利亚、加拿大、智利、斐济、加纳、印尼、牙买加、日本、肯尼亚、墨西哥、纳米比亚、挪威、帕劳、葡萄牙和美国。它得到了联合国秘书长海洋问题特使的支持。

[3]　British Columbia Council for International Cooperation，"Achieving Equity in Canada's Blue Economy：Ensuring No One Gets behind in Canada's Blue Economy Strategy"，June 2021，p. 7，https：//www. bccic. ca/wp – content/uploads/2021/06/Achieving – Equity – in – Canadas – Blue – Economy – 2021. pdf.

伐活动侵犯的风险。因此，公平的蓝色经济需要尊重原住民的领导权、权利和管辖权。由于海洋区域和资源在联邦管辖范围内，加拿大政府有责任制定强有力的蓝色经济战略。在某些方面，全国范围的措施可能非常有用，例如在履行加拿大保护其 30% 海洋区域的国际承诺方面。然而，加拿大的海洋地理还需要与当地社区和省份密切合作，以确保所有蓝色经济政策和干预措施具有环境敏感性。最后，由于加拿大广阔的海岸线和海洋专属经济区及其全球化经济，跨境活动有可能加剧不平等问题。例如，跨越国际边界的渔业资源管理不善或非法捕捞对当地人民产生影响，这些人口的生计依赖于渔业。①

（二）加拿大蓝色经济战略的生态原则

海洋是地球的生命支持系统，然而采掘业、日益严重的温室气体污染和管理的不可持续威胁着加拿大海洋的健康。海洋支持复杂的生态系统，提供食物、固碳，人类的未来依赖于海洋的健康，而海洋在未来几十年的健康状况在很大程度上取决于人类对它的使用方式。海洋保护和海洋经济不再被视为两个相互独立的目标体系。越来越多的证据表明，在不健康的海洋中不可能有蓝色经济。基于这一认识，加拿大参与了许多解决海洋保护问题的国际倡议。作为全球海洋联盟的成员，加拿大承诺到 2030 年保护其 30% 的海洋区域。作为可持续海洋经济高级别小组的成员，加拿大承诺到 2025 年对其海洋进行 100% 的可持续管理。加拿大的蓝色经济战略需要以这些承诺为中心。加拿大致力于引导其海洋经济向恢复性和修复性方向发展。对沿海修复、海洋保护、渔业重建和向零排放海洋技术过

---

① British Columbia Council for International Cooperation, "Achieving Equity in Canada's Blue Economy: Ensuring No One Gets Behind in Canada's Blue Economy Strategy", June 2021, pp. 7 - 8, https://www.bccic.ca/wp - content/uploads/2021/06/Achieving - Equity - in - Canadas - Blue - Economy - 2021. pdf.

渡的投资将会创造良好的就业机会，并为社区带来积极的长期经济效益。为此，加拿大的蓝色经济战略必须优先考虑保护海洋生态系统、减缓气候变化以及与原住民和解。政府必须利用该战略将投资从破坏性的海洋工业和污染者转向可持续的蓝色经济。真正可持续的蓝色经济战略是：（1）承认原住民并赋予其权利。（2）到2030年，全面保护至少30%的海洋区域。（3）重建野生鱼类种群的健康状况。（4）恢复退化的海洋和沿海生态系统。（5）逐步淘汰不符合海洋可持续利用的工业活动。（6）减少陆源和海洋工业造成的海洋污染。（7）认识到海洋是气候解决方案的重要组成部分。①

（三）原住民对海洋区域和资源的权益

长期以来，原住民实行了自己的政府形式和基于生态系统的管理。然而，当欧洲对北美进行殖民时，殖民者强加了自己的法律体系，原住民政府和法律被边缘化。加拿大政府废除了原住民传统的治理体系，并通过条约和法规对原住民的生活施加了严格的规定，例如《印第安法案》（1876年）和《渔业法案》（1868年）赋予殖民机构最终权力和权威。值得注意的是，早期的条约，例如《和平与友谊条约》（1725年）和《两行旺姆普条约》（1613年），以及更现代的条约，例如北部的1973年《综合土地主张》，试图承认、尊重和促进1763年皇家公告确认的原住民权利和所有权。近几十年来，原住民权利和治理得到了更多的法律认可。1982年，加拿大宪法法案第35条承认并肯定了原住民的权利，包括自决权。2016年，加拿大批准了《联合国原住民权利宣言》。《联合国原住民权利宣言》由46条组成，通过承认基本人权、自决权和参与影响原住民利益的所有决策的权利，提供了推进与原住民和解的路线图。殖民立

---

① "Ecological Principles for a Blue Economy Strategy", https：//naturecanada. ca/wp - content/uploads/2021/04/Ecological - Principles - for - a - Blue - Economy - Strategy. pdf?.

法造成的不公平今天仍然存在，重要的是，与非原住民和原住民之间公正分配治理权相关的障碍很复杂，并且与系统性种族主义和白人至上主义深深交织在一起。①

第二节　亚洲大国蓝色经济战略

一、中国蓝色经济战略

中华文明崛起之路是基于大陆文明的稳固根基，综合协调发展大陆文明和海洋文明，实现陆权与海权的共生和交互支撑；形成陆海新文明体系，以促进中国梦和世界梦的对接。为实现大陆文明与海洋文明的交互支撑，中国高度重视蓝色经济开发。中国在巩固传统海洋产业的同时加大了对海洋新兴部门的投入，并致力于通过海上丝绸之路经济带倡议与沿线国家构建蓝色经济伙伴关系。

（一）中国蓝色经济产业

中国的蓝色经济产业主要涉及海洋渔业、海洋油气资源开发、海洋生物医药业、海洋电力业、海水利用、船舶制造与海洋工程建筑业等。作为海洋传统产业，渔业在我国发展历史悠久，是海洋经济四大支柱产业之一。中国海域是典型的陆源海，由此决定了中国海洋渔业资源数量有限和渔业规模不可能太大的格局。但中国海洋渔业资源种类繁多，在 2000 种海洋生物中，鱼类超过 1500 种，其

---

① British Columbia Council for International Cooperation，"Achieving Equity in Canada's Blue Economy：Ensuring No One Gets behind in Canada's Blue Economy Strategy"，June 2021，pp. 9 – 10，https：//www. bccic. ca/wp – content/uploads/2021/06/Achieving – Equity – in – Canadas – Blue – Economy – 2021. pdf.

中经济价值较大的鱼类超过 150 种。中国水产品产量在 1989 年超过了日本和俄罗斯，跃居世界第一，此后各年中，一直稳居世界第一。[①] 海洋油气资源开发是中国 20 世纪 80 年代迅速发展起来的新兴海洋工业，也是知识与技术密集型高科技产业。进入 21 世纪，中国将海洋油气业列为战略性海洋新兴产业。从开采海域来看，中国海洋石油开采主要集中在渤海湾与南海北部。油气勘查方式以地球物理调查为主，调查资料缺乏钻井验证，处于起步阶段，油气资源勘探开发任重而道远。海洋生物医药业，指从海洋生物中提取有效成分，利用生物技术生产生物化学药品、保健品和基因工程药物的生产活动。海洋药物开发是正在兴起的海洋生物产业中的关键产业之一，海洋药物将是 21 世纪药物开发的重点产业。随着海洋生物技术的不断进步，一批新兴的海洋生物产业已在中国沿海地区聚集发展壮大。中国海洋生物技术研发已从浅海领域延伸到深海领域，海洋创新药物已由技术积累进入产品开发阶段。海洋电力业是指在沿海地区利用海洋能进行的电力生产活动，包括利用海洋能中的潮汐能、波浪能、温差能、海流能、盐差能和海上风能等天然能源进行的电力生产活动。作为重要的可再生能源，海洋电力业是中国大力鼓励和支持发展的新能源产业。海水利用是通过各种技术手段获取海洋中的水资源和化学资源的工艺及生产过程的统称。在海水淡化技术方面，中国已掌握反渗透和低温多效海水淡化技术，形成了具有自主知识产权的万吨级海水淡化技术，部分技术达到或接近国际先进水平。海水淡化产水成本在不断降低。船舶是人类进入海洋、开发海洋并使其产业化的媒介。人类要想从海洋中取得物质资源、能量资源、生物资源，并想取得生存空间，就得首先借助船舶。中国是

---

① 张耀光：《中国海洋经济地理学》，东南大学出版社 2015 年版，第 258—264 页。

世界上最具影响力的造船大国之一。[1] 2010 年，中国已成为世界第一大造船国。[2] 2020 年，中国高技术船舶研发和建造取得新突破，全球最大的 2.4 万标准箱集装箱船、17.4 万立方米液化天然气船、19 万吨双燃料散货船、9.3 万立方米全冷式超大型液化石油气船等实现批量接单，全海深载人潜水器"奋斗者号"成功完成万米测试。[3] 海洋工程建筑业是指海上、海底和海岸所进行的用于海洋生产、交通、娱乐、防护等用途的建筑工程施工及其准备活动，包括海港建筑、滨海电站建筑、海岸堤坝建筑、海洋隧道桥梁建筑、海上油气田陆地终端及处理设施建造、海底线路管道和设备安装等。由于中国海洋产业的发展，对海洋工程的需求不断增长，尤其是海洋农业、港口、旅游以及海洋油气工业发展，钻井平台等的数量增长，促进了海洋工程建筑制造业的发展。2020 年，10 万吨级深水半潜式生产储油平台"深海一号"、中深水半潜式钻井平台"深蓝探索号"成功交付，浮式生产储卸油船船体和上层模块建造项目稳步推进，"蓝鲸 2 号"半潜式钻井平台圆满完成南海可燃冰试采任务。

（二）中国蓝色经济开发

中国蓝色经济开发战略主要包括海洋综合试验区、点—轴系统与"T"形结构和自贸试验区等。这些战略对中国蓝色经济开发具有重要引领作用。

1. 海洋综合试验区

海洋综合试验区以发展沿海省份或地区海洋经济为重点，以海洋科技创新为支撑，重视海洋产业，优化配置海洋资源，提升地区

---

① 张耀光、李春平、董丽晶："世界造船工业布局特征与今后展望"，《经济地理》，2002 年第 6 期，第 716—719 页。

② 张耀光：《中国海洋经济地理学》，东南大学出版社 2015 年版，第 334 页。

③ 中国海洋大学、国家海洋信息中心编著：《海洋经济蓝皮书：中国海洋经济分析报告（2021）》，中国海洋大学出版社 2021 年版，第 109 页。

海洋经济总体实力，以实现海洋强国发展目标。从 2011 年 1 月起，国务院相继批复建立山东、浙江、广东、福建四大海洋经济试验区，正式启动蓝海经济区，中国海洋经济步入新的发展期。四大海洋经济试验区立足于本区域的综合优势，贯彻国家关于发展海洋经济的战略部署，各自确定试验区的发展定位。山东半岛蓝色经济区的定位为"建设具有较强国际竞争力的现代海洋产业集聚区，建设具有世界先进水平的海洋科技教育核心区，建设国家海洋经济改革开放先行区，建设全国重要的海洋生态文明示范区"。① 浙江海洋经济发展示范区的定位为"中国重要的大宗商品国际物流中心，中国海洋海岛开发开放改革示范区，中国现代海洋产业发展示范区，中国海陆协调发展示范区，中国海洋生态文明和清洁能源示范区"。② 福建海峡蓝色经济试验区的定位为"深化两岸海洋经济合作的核心区，全国海洋科技研发与成果转化重要基地，具有国际竞争力的现代海洋产业集聚区，全国海湾海岛综合开发示范区，推进海洋生态文明建设先行区，创新海洋综合管理试验区"。③ 广东海洋经济综合试验区的定位为"提升中国海洋经济国际竞争力的核心区，全国海洋科技创新和成果高效转化集聚区，全国海洋生态文明建设示范区，南海保护开发战略基地，全国海洋综合管理先行区"。④

2. 点—轴系统与"T"形结构

所谓"点"，即增长极（核）、生长点；轴，即生长轴。以沃纳·松巴特为代表提出的生长轴理论，成为点轴开发理论关于"轴"

---

① 国家发展和改革委员会："山东半岛蓝色经济区发展规划"，2011 年 5 月 6 日。

② 国家发展和改革委员会："浙江海洋经济发展示范区发展规划"，2011 年 3 月 3 日。

③ 国家发展和改革委员会："福建海峡蓝色经济试验区发展规划"，2011 年 12 月 12 日。

④ 国家发展和改革委员会："广东海洋经济综合试验区发展规划"，2011 年 11 月 12 日。

的内涵和功能的理论前提。生长轴理论的中心内容是：随着连接各中心地重要交通线（铁路、公路等）的建立，形成了新的有利区位，方便了人口的流动，降低了运输费用，从而降低了产品的成本。新的交通线对产业和劳动力具有新的吸引力，形成有利的投资环境，使产业和人口向交通线集聚并产生新的居民点。这种对区域经济发展具有促进作用的交通线被称为生长轴。陆大道根据区位论及空间结构理论的基本原理，于1984年提出了点—轴系统理论模型与中国国土开发和经济布局的"T"形战略。到1995年他又进一步阐述了点—轴空间结构的形成过程、发展轴的结构与类型、"点—轴渐进式扩散"、"点—轴—聚集区"等。在国家和区域发展过程中，大部分社会经济要素在"点"上集聚，并由线状基础设施联系在一起而形成"轴"。这里的"点"指各级居民点和中心城市；"轴"指由交通线、通信线和能源、水源通道连接起来的基础设施，"轴"对附近区域有很强的经济吸引力和凝聚力。点—轴系统的概念和在此理论基础上提出海岸地带和沿江地带作为中国国土开发和经济布局的战略重点（"T"形结构）被写入了《全国国土总体规划》。国家采取"T"形点—轴开发战略有利地促进了中国经济的高速增长和资金的有效利用。自改革开放以来，中国上升型省份（指经济总量在全国的比重上升）几乎全部集中于沿海和沿江地区。中国提出了多个上升为国家战略的沿海经济开发带和海洋经济区——天津滨海新区、山东半岛蓝色经济区、江苏沿海地区、浙江海洋经济发展示范区、海峡西岸经济区、广东海洋经济综合试验区。

3. 自贸试验区

自由贸易区，有两个明显不同的概念。一个是指两个以上的国家或地区通过签订自由贸易协定，相互取消绝大部分货物的关税和非关税壁垒，取消绝大多数服务部门的市场准入限制，从而开放投资，促进商品、服务和资本、技术、人员等生产要素的自由流动，实现优势互补，促进共同发展。如中国—东盟自由贸易区、中国—巴基斯坦自由贸易区、中国—韩国自由贸易区等。这一自由贸易区的英文表达是 Free Trade Area，简称 FTA。另一个是指一国在其境内设立的大幅度减少关税和配额等贸易限制，并对区内投资、生产经营活动实行特殊政策的区域。这一自由贸易区的英文表达是 Free Trade Zone，简称 FTZ。我国所设立的上海、天津、福建和广东四个自由贸易（试验）区，属于该种自由贸易区。FTZ 被视为自由港的进一步延伸，是一个国家对外开放的特殊功能区域。在 FTZ 内，允许外国船舶自由进出，免税进口外国货物，取消对进口货物的配额管制。FTZ 除了具有自由港的大部分特点外，还可以吸引外资设厂，发展出口加工企业，允许和鼓励外资设立大的商业企业、金融机构等，以促进区内经济综合发展。FTZ 作为商品集散中心，能够扩大出口贸易和转口贸易，提高设置国家和地区在国际贸易中的地位，增加外汇收入，有利于吸引外资，有利于引进国外先进技术和管理经验。此外，还能扩大劳动就业机会。在沿海沿江港口、交通枢纽和边境地区设立 FTZ，可以起到繁荣港口产业，刺激所在国交通运输业发展，促进社会经济发展的目的。[①]

（三）中国蓝色经济合作

2015 年，中国政府发布《推动共建丝绸之路经济带和 21 世纪海上丝绸之路的愿景与行动》，提出以政策沟通、设施联通、贸易畅通、资金融通、民心相通为主要内容，坚持共商、共建、共享原则，积极推动"一带一路"建设，得到国际社会的广泛关注和积极回应。为进一步与沿线国加强战略对接与共同行动，推动建立全方位、多层次、宽领域的蓝色伙伴关系，保护和可持续利用海洋和海洋资源，实现人海和谐、共同发展，共同增进海洋福祉，共筑和繁荣 21 世纪海上丝绸之路，国家发展和改革委员会、国家海洋局于 2017 年 6 月 20 日发布了《"一带一路"建设海上合作设想》（以下简称《设

---

① 朱坚真等：《中国海洋经济发展重大问题研究》，海洋出版社 2015 年版，第 180 页。

想》)。《设想》提出了四项合作原则：求同存异，凝聚共识；开放合作，包容发展；市场运作，多方参与；共商共建，利益共享。中国致力于以海洋为纽带增进共同福祉、发展共同利益，以共享蓝色空间、发展蓝色经济为主线，加强与21世纪海上丝绸之路沿线国战略对接，全方位推动各领域务实合作，共同建设通畅安全高效的海上大通道，共同推动建立海上合作平台，共同发展蓝色伙伴关系，沿着绿色发展、依海繁荣、安全保障、智慧创新、合作治理的人海和谐发展之路相向而行，造福沿线各国人民。根据21世纪海上丝绸之路的重点方向，"一带一路"建设海上合作以中国沿海经济带为支撑，密切与沿线国的合作，连接中国—中南半岛经济走廊，经南海向西进入印度洋，衔接中巴、孟中印缅经济走廊，共同建设中国—印度洋—非洲—地中海蓝色经济通道；经南海向南进入太平洋，共建中国—大洋洲—南太平洋蓝色经济通道；积极推动共建经北冰洋连接欧洲的蓝色经济通道。①《设想》将共走绿色发展之路、共创依海繁荣之路、共筑安全保障之路、共建智慧创新之路和共谋合作治理之路确定为合作重点。

二、日本蓝色经济战略

（一）日本蓝色经济概况

日本国土面积狭小，从20世纪60年代开始就十分重视向海洋发展，形成了以海洋渔业、海洋船舶工业、滨海旅游业和海洋新兴产业为支柱的现代海洋经济，对日本GDP贡献较大。日本地处西北太平洋海域，发展海洋渔业具有优越的自然条件，拥有世界著名渔场之一。然而，日本海洋渔业产量却呈现下降之势，特别是在远洋

---

① 国家发展和改革委员会、国家海洋局：《"一带一路"建设海上合作设想》，2017年6月20日。

渔业方面，欧洲、美国、俄罗斯等设定 200 海里经济排他水域使日本远洋渔业深受打击。鉴于世界海洋渔业资源日益枯竭，日本科研人员已将目光聚焦于现代海洋渔业养殖技术和冷冻技术，积极致力于育苗、饵食、投药等生产记录的透明化。在海洋船舶工业方面，伴随着国际贸易增长速度放缓和国际航运市场运力过剩，日本海洋船舶工业近年产量急剧下跌，但该产业依然是日本海洋经济发展的中流砥柱。英国克拉克森研究统计数据显示，2015 年全球新船成交订单中，以修正总吨为计量单位，日本占世界市场份额的 22.9%，中国、韩国分别占 25.7% 和 25.4%。① 海洋船舶工业属于重工业和劳动密集型产业，能耗高、污染高，因此日本政府主张依靠核心技术实现该产业健康持续发展。在海洋新兴产业方面，为了谋求转型升级，日本政府加大了对海洋信息和海洋资源开发关联产业的扶持力度。

（二）　日本蓝色经济管理

日本的海洋政策于 2007 年 4 月 3 日在众议院土地、基础设施、运输和旅游委员会进行了审议，随后，该委员会主席提出了《海洋政策基本法》法案。该法案在众议院和参议院均获得通过，并于 2007 年 7 月 20 日开始实施。日本根据《海洋政策基本法》在内阁设立了海洋政策总部，以集中和全面地实施与海洋相关的政策。该部门总干事由首相担任，内阁官房长官和海洋政策大臣担任副总干事，除上述三人外的所有国务大臣均作为成员参加。海洋政策总部制定了中长期《海洋政策基本计划》，并推动了计划的执行。为构建行政框架，内阁秘书处内设立了总部秘书处筹备办公室，并于 2007 年 7 月 20 日正式成立总部秘书处。秘书处由包括首长在内的 30 多名成员组成，他们是由国土交通省、农林水产省、外务省、文部科

---

① 赵芸："中日韩造船业'短兵相接'"，《中国船舶报》，2016 年 2 月 14 日。

学省和防卫省等部门外派指定组成。2003 年 12 月 8 日，内阁秘书处内设立了大陆架调查协调办公室，由 19 名成员组成，以便政府联合推动大陆架边界的扩展。然而，由于该任务是新成立的海洋政策总部的重要任务之一，该办公室被并入总部秘书处。①

（三）日本蓝色经济政策

2013 年 4 月 26 日，日本内阁通过了新的《海洋政策基本计划》，这一年成为日本实施海洋政策的重要转折年。《海洋政策基本法》规定，《海洋政策基本计划》大约每五年审查一次。这次的审查意义重大，因为它需要处理以下问题：（1）日本 2008 年制定的第一个《海洋政策基本计划》不太令人满意，因为它存在一些问题，例如由于将许多措施纳入计划的时间很短，它们往往缺乏具体性；（2）政策制定后，国际资源、经济、环境、海洋管理等形势发生变化，2011 年东日本大地震、福岛核事故等多起事件发生后，出现了新的局面。2018 年 5 月 15 日，第三个《海洋政策基本计划》由海洋政策总部会议批准。新计划重申了日本海洋政策的基本原则并阐明了未来 10 年的政策方向。其基本原则在《海洋政策基本法》中有明确的规定，即海洋开发和利用与海洋环境保护协调一致、确保海上安全、提高海洋科学知识、健康发展海洋产业、综合管理海洋以及建立国际海洋伙伴关系。该政策的推进是基于以下认识：（1）积极为日本创造有利条件和环境。（2）利用海洋的财富和潜力来维持国力。（3）建立海洋可持续利用和环境保护之间的双赢关系。（4）改进世界上最先进和具有创新性的海洋研发、调查和观测。（5）增进国民对海洋的了解。其政策方向包括：（1）致力于开放和稳定的海洋，保护国家及其国民。（2）以海兴国，将资源丰富的海洋传给后代。（3）挑战未知的海洋，提高科技水平，增强海洋意识。

---

① Ocean Policy Research Institute, "Ocean Policy: Japan", https://www. spf. org/en/opri/projects/ocean – policy ~ japan. html.

（4）带头实现和平，创立海洋的世界标准。（5）让人们熟悉海洋，培养具有海洋知识的人力资源。① 目前，以美国、英国、日本为首的主要海洋强国以高质、高值产品占据海洋产业链高端，并通过掌控核心材料、关键部件与技术垄断国际市场。近年来，除了海上防务合作、武器输出等传统手段外，日本通过实施金元外交，在东南亚大量投资建设港口等基础设施，布局和打造"东盟海洋经济走廊"，意在控制海上交通要冲。安倍政府调整地缘战略的范围和中心，提出"自由与开放的印太战略"，加强与美国、印度、澳大利亚联手，这不可避免地对中国"一带一路"倡议西线，尤其是海洋交通安全带来干扰。②

三、韩国蓝色经济战略

（一）韩国蓝色工业

韩国海洋产业大致可分为四大类：造船和近海工厂、能源、物流和服务。韩国拥有发达的海洋产业，尤其是造船业，自 21 世纪初的繁荣时期以来，在该领域它一直是全球领先的国家之一。然而，自 2015 年以来，全球船舶订单平均每年下降11%，而由于疫情的影响，2020 年减少了 60%。③ 韩国造船商在 2020 年第一季度和第二季度共获得 37 艘订单，这仅相当于 2019 年上半年收到的 92 艘订单的

---

① "The Third Basic Plan on Ocean Policy", 2018, https://www.cao.go.jp/ocean/english/plan/pdf/plan03_gaiyou_e.pdf.

② 吴崇伯、姚云贵："日本海洋经济发展以及与中国的竞争合作"，《现代日本经济》，2018 年第 6 期，第 65 页。

③ UK Department for International Trade, "Marine Industry 4.0 South Korea: Market Intelligence Report", April 2021, https://www.intralinkgroup.com/getmedia/deff1286 - 99a4 - 4f23 - a02e - 27c8f65e1b40/ (0401) Marine - Industry - Report.

约 40%，以及 2018 年同期 150 艘订单的约 25%。[①] 造船业是韩国海洋工业的核心组成部分，占该国重型制造业产量的约 33%。韩国造船业生产的船舶种类繁多，但 80% 左右的生产集中在三种类型的船舶上：集装箱船、油轮和散货船。现代重工、大宇造船和三星重工是位列韩国前三位的造船企业，2019 年获得的订单在全球分别排名第一、第二和第五，占全球订单的 20% 以上。仅现代重工就为其造船业务拨出了 2 万亿韩元作为研发支出，以开发环保和智能船舶，提高海洋工程能力并建立智能造船厂。[②] 韩国希望通过引入数字化和清洁能源技术来刺激造船和海洋基础设施等海洋工业关键部门的增长和提高竞争力。这是通过开发第四次工业革命技术来促进经济增长的更广泛国家战略的一部分，是文在寅政府的标志性经济政策。韩国正专注于自主船舶、智能港口和改进导航系统等技术，这些技术通过提高速度和服务质量、减少人为错误造成的事故来提高效率和生产力。燃料电池等清洁能源解决方案正在成为造船和港口的一部分。对进入韩国水域的船舶燃油含量进行更严格的规定是韩国港口新实施的另一项环保政策。

港口是韩国海洋产业的重要组成部分，该国 87% 的国际贸易通过全国 31 个国际港口进行。2019 年，韩国在班轮航运连通性方面排名第三，仅次于中国和新加坡。除了 31 个用于国际物流的贸易港口外，还有 29 个沿海港口作为国内贸易的物流枢纽。釜山港是韩国最繁忙的港口，2019 年处理了 2170 万个 20 国际标准箱。釜山港在全

---

① UK Department for International Trade, "Marine Industry 4. 0 South Korea: Market Intelligence Report", April 2021, https: // www. intralinkgroup. com/getmedia/deff1286 - 99a4 - 4f23 - a02e - 27c8f65e1b40/ (0401) Marine - Industry - Report.

② UK Department for International Trade, "Marine Industry 4. 0 South Korea: Market Intelligence Report", April 2021, https: // www. intralinkgroup. com/getmedia/deff1286 - 99a4 - 4f23 - a02e - 27c8f65e1b40/ (0401) Marine - Industry - Report.

球排名第六，韩国的其他主要港口包括蔚山港、仁川港、平泽—唐津港和丽水—光阳港等。2019年，海洋和渔业部宣布了一项计划，将17万亿韩元的政府资金和26万亿韩元的私营部门资金结合起来，建设12个新的智能港口，并为韩国各地的港口引入人工智能和5G网络。①

韩国严重依赖进口化石燃料来满足其能源消耗需求，石油占一次能源供应的38%，其次是煤炭（29%）和天然气（15%）。然而，2013年至2018年可再生能源消费量增长了177%，这种快速增长来自太阳能和陆上风能，因为由海上风能、潮汐能、波浪能和海洋热能转换技术组成的海洋能源部门还处于早期阶段。除了254兆瓦始华湖潮汐电站外，韩国没有商业潮汐能电站。波浪能也处于开发初期，济州岛上只有一个由海洋和渔业部运营的500千瓦容量的波浪能发电厂。但韩国也越来越多地将其海洋领土视为海上风能、波浪能和潮汐能等可再生能源的来源，同时制订了10年计划以大幅增加该国的可再生能源供应。韩国政府于2017年发布的计划呼吁对海洋可再生能源进行大量投资，以达到1.2吉瓦的波浪能和潮汐能发电量，并在2030年实现海上风电12吉瓦的目标容量。相对而言，这将使波浪能和潮汐能在韩国整体可再生能源结构中的份额从2020年的不到0.1%增加到2030年的2%——即使在其他类型的可再生能源方面进行了大量投资，尤其是太阳能。韩国于2017年宣布了"能源2030政策"，其目标是到2030年全国20%的能源来自新能源和可

①　UK Department for International Trade，"Marine Industry 4.0 South Korea：Market Intelligence Report"，April 2021，https：//www.intralinkgroup.com/getmedia/deff1286 - 99a4 - 4f23 - a02e - 27c8f65e1b40/（0401）Marine - Industry - Report.

再生能源。①

(二) 韩国蓝色工业政策

海洋和渔业部于 2019 年宣布了关于韩国排放控制区内船用燃料标准的新规定，以通过燃料成分限制船舶排放。该规定使韩国成为继中国之后第二个制定时间表，要求船舶在其主要港口或附近航行时改用超低硫燃料的亚洲国家。该规定于 2020 年 1 月 1 日生效，要求在韩国排放控制区内运营的船舶使用硫含量低于 0.5% 的燃料。此外，从 2020 年 9 月 1 日起，船舶在排放控制区内的港口靠泊或抛锚时，必须改用含硫量 0.1% 的燃料。排放控制区内的港口涵盖韩国五个主要海港：仁川港、平泽—唐津港、丽水—光阳港、釜山港和蔚山港。从 2022 年 1 月起，此限制也适用于在排放控制区内航行。韩国的排放控制区规定是解决港口和航运活动造成空气污染问题的一揽子综合措施的一部分。2019 年 3 月，韩国国会通过了《港口和其他地区空气质量改善特别法案》，以应对占当地空气污染 10% 的港口和航运活动造成的空气污染。该法案规定了一系列措施，包括制定更严格的船用燃料标准、限制船速、禁止旧柴油动力船进入港区、鼓励港口设备和堆场拖拉机使用燃料从柴油转为天然气。海洋和渔业部及环境部正在联合实施这些措施，到 2022 年，港口细颗粒物污染已减少一半以上。为支持该法案成功实施，用于控制港口污染和改善港口整体环境的年度预算将从 312 亿韩元增至 1193 亿韩元。②

---

① UK Department for International Trade, "Marine Industry 4.0 South Korea: Market Intelligence Report", April 2021, https://www.intralinkgroup.com/getmedia/deff1286－99a4－4f23－a02e－27c8f65e1b40/ (0401) Marine－Industry－Report.

② UK Department for International Trade, "Marine Industry 4.0 South Korea: Market Intelligence Report", April 2021, https://www.intralinkgroup.com/getmedia/deff1286－99a4－4f23－a02e－27c8f65e1b40/ (0401) Marine－Industry－Report.

韩国政府还实施了一项 160 万亿韩元的经济、环境和社会改革一揽子投资计划，目标是数字化和绿色技术，称为"韩国新政"。作为新政的一部分，政府拨款 1480 亿韩元用于船舶和港口的智能技术开发和商业化。根据政府倡议，釜山港将领导一个涉及其他 11 个港口的政府项目，以开发和商业化智能港口物流系统的核心技术。2019 年 1 月，海洋和渔业部公布了智能海事路线图，将第四次工业革命技术融入海事物流、渔业、海洋环境和事故预测。智能海事路线图仍处于规划阶段，但作为第一步，海洋和渔业部、交通运输部和科学与信息通信技术部已经制订了到 2025 年开发 3 级自主船舶和智能港口技术的计划，以及到 2030 年达到 4 级自主船舶计划。作为该计划的一部分，大田市于 2020 年 3 月成立了一个政府工作组，以开发与港口和船舶相关的第四次工业革命技术并将其商业化。据交通运输部称，五年来，三部委联合拨款 1600 亿韩元，与韩国船舶和海洋工程研究所共同开发沿海和海洋智能导航技术。①

（三）　韩国蓝色工业部门数字化

在造船业数字化方面，韩国造船商在自主船舶技术方面取得重大进展，已经开发出 2 级自主船舶，这是一种有效的半自主船舶，由人工管理但依靠自动化系统进行数据收集和决策。领先的造船厂的目标是到 2025 年达到能够自动驾驶的 3 级自主船舶，到 2030 年达到越来越依赖自动驾驶的 4 级自主船舶。有人建议将无人船形式的完全自动化作为 2040 年的目标。尽管如此，韩国在智能船舶开发方面被认为落后于中国和日本，主要是由于其在该领域缺乏核心技术和明确的法规。在海洋基础设施和物流方面，韩国近一半的国际贸

---

① UK Department for International Trade, "Marine Industry 4. 0 South Korea: Market Intelligence Report", April 2021, https://www. intralinkgroup. com/getmedia/deff1286 – 99a4 – 4f23 – a02e – 27c8f65e1b40/（0401）Marine – Industry – Report.

易流经釜山港、蔚山港、仁川港、平泽—唐津港和丽水—光阳港五个主要港口。韩国政府在 2010—2018 年投资 54 万亿韩元用于基础设施建设，作为社会间接资本，以支持出口导向型增长，从而使釜山港、仁川港和蔚山港成为集装箱枢纽港。然而，据韩国海事研究所称，目前韩国港口的自动化和 ICT 融合状况远落后于中国、日本和新加坡的港口。例如，最近开发的釜山和仁川新港口在堆场段只有半自动化平台，与内陆物流的连接不够顺畅，港口之间的货物信息共享系统不够完善。海洋和渔业部在 2019 年宣布了一项 23 万亿韩元的计划，以创建智能港口，目标是通过整合第四代工业革命技术来提高集装箱处理能力。政府最初将专注于五个主要港口，然后到 2040 年将其扩展到其他七个港口。作为该计划的一部分，海洋和渔业部计划建设一个海上高速无线通信网络，该网络可以与离岸最远 100 千米（目前为 30 千米）的港口控制塔进行通信。为实现这一目标，2020 年东海岸和西海岸建设了所需的 388 个基站中的 156 个，2021 年在南海岸再建设 109 个，2022 年进行全网试点。[①]

第三节　欧洲大国蓝色经济战略

一、英国蓝色经济战略

（一）英国蓝色经济概况

英国的海岸线长达 18000 千米，大陆架面积约 10525 平方千米，

---

① UK Department for International Trade, "Marine Industry 4.0 South Korea: Market Intelligence Report", April 2021, https://www.intralinkgroup.com/getmedia/deff1286 – 99a4 – 4f23 – a02e – 27c8f65e1b40/ (0401) Marine – Industry – Report.

而专属经济区的面积为 322 万平方千米。^① 英国拥有非常丰富的海洋遗产。英国学者凯特·约翰逊等认为，蓝色经济是将海上传统产业和新兴产业涵盖在一起的一个概念，可分为两大类九大产业，成熟产业包括渔业、海上油气业、船舶和造船业、海洋旅游和娱乐业，新兴产业包括水产养殖业、蓝色生物技术产业、海底矿业、波浪能和潮汐能业、海上风电业。^② 在英国，海上油气业及海洋旅游和娱乐业在蓝色经济中占据主导地位。英国的海事公司既包括中小型企业，也有极具竞争力的全球知名企业。在海洋休闲领域，中小企业是主要参与者，英国在生产优质动力艇和帆船方面处于世界领先地位。英国在蓝色经济下拥有强大的商业部门，在商船建造中占有重要地位。英国是全球海洋可再生能源产业领先的国家，其在海上风能、潮汐能、波浪能等新能源的科研、产业化等方面均居于世界前列。英国第一个海上风电项目布莱斯港项目建于 2000 年 12 月，2009 年以来其总装机容量一直居于世界第一，2018 年占到全球的 34.41%、欧洲的 44.23%。2018 年海上风电发电量达到 2.67 吉瓦，占英国全部发电量的 8%。基于丰富的海洋能资源和政府的大力支持，英国在海洋能的科研、开发和利用上走在全世界的最前沿。全球商业化运营的波浪能（2000 年）和潮汐能（2008 年）电站都是首先在英国建成，2018 年英国波浪能和潮汐能的装机容量已达到了 20.40 兆瓦。^③ 英国在 20 世纪 90 年代开始出台综合性的海洋管理政策，但其海洋政策主要还是具有强大立法基础的基于部门的政策。英国对蓝色经济活动表现出浓厚的兴趣，并且是与航运、渔业、污染问题、

---

① FAO, "The State of World Fisheries and Aquaculture 2016: Contributing to Food Security and Nutrition for All", 2016.

② Kate Johnson, Gordon Dalton, Ian Masters, *Building Industries at Sea:* "*Blue Growth" and the New Maritime Economy*, Delft (Netherlands): River Publishers, 2018.

③ 韦有周、杜晓凤、邹青萍："英国海洋经济及相关产业最新发展状况研究"，《海洋经济》，2020 年第 2 期，第 59—60 页。

海洋法和环境有关的所有主要条约的签署国。英国还为海洋研究和教育建设了庞大的基础设施。

（二）英国蓝色经济开发战略

2018 年，英国政府科学办公室发布了《海洋未来》预见报告，从经济、环境、全球管理和海洋科学四个方面阐述了英国的基本情况、优势和应对未来海洋发展的思路。在经济方面，到 2030 年，全球海洋经济预计将增加一倍，达到 3 万亿美元，涉及传统的航运、渔业等产业和新兴的海洋可再生能源、深海采矿业等诸多行业。英国经济高度依赖海洋，95% 的贸易通过海运。在环境方面，由于人类直接活动和气候变化，海洋环境正面临前所未有的挑战，这将对全球生物多样性、基础设施、人类健康及海洋经济的生产力产生重大影响，对英国也将产生直接和间接的影响。在全球管理方面，世界上约有 28% 的人口生活在海岸 100 千米以内、海拔 100 米以下。海洋的未来是一个全球性问题，稳定和有效的国际治理对于海洋政策干预至关重要。英国在许多国际治理论坛中发挥着重要作用，国际海事组织是总部设在英国的唯一的联合国机构。在海洋科学方面，海洋科学研究在确定全球挑战和机遇方面发挥着至关重要的作用，需要世界各国合作，英国海洋科学研究的高水平意味着可积极主导国际合作。机遇主要包括：理解全球合作规模及变化、识别新的海洋资源并进行开采、提高灾害预测和应对能力，以及海上新开发活动的变革性新技术等。[①] 该报告旨在通过加强全球海洋观测，提高人们对海洋的认识了解，鼓励开发利用新技术，支持商业创新，促进完善国际贸易体系，实现英国和全球海洋产业的最大利益。同时，促进各国认识到海洋日益增长的重要性，采取战略性方法管理海洋，促进世界各国提高海洋研究能力，共同应对气候变化等国际问题。

---

① Government Office for Science, "Foresight Future of the Sea", A Report from the Government Chief Scientific Advisor, 2018.

（三）英国蓝色经济开发所面临的挑战

《海洋未来》预见报告指出，英国是全球最重要的海洋国家之一，期待能够利用相关技术和科学能力，从经济上受益于海洋机遇，并继续站在世界领导舞台上。未来的海洋通过勘探和开发的新技术能够提供更多资源，英国必须发起和参与全球合作，以适应未来。英国在海洋科技创新和发展方面存在的主要问题包括：（1）国民仍然是"海洋盲"，对海洋及其价值的认识普遍不足。（2）海洋研究和开发缺乏协调。行业、学术界、政府和公众都在进行未来海洋方面的投资，需要统一的决策和规划，需要有弹性的政策环境和良好的治理。（3）确保决策的长期性。新兴海洋产业往往发展缓慢，需要长期的政策承诺和大量的基础设施投资。（4）海洋问题绝大多数是全球性的。因此，基于海洋科学专业知识的全球合作具有重要战略意义，涉及产业和外交领域。报告提出的有关英国未来蓝色经济开发的政策建议包括：（1）制定英国海洋开发战略，主次分明地支持英国的海洋利益。（2）寻找英国海洋开发的关键领域与行业，建立英国企业全球发展的长期平台，包括海事商务服务、高附加值制造业、自主机器人、卫星通信、海洋科学和海洋测绘等。（3）发掘海洋可再生能源领域的巨大潜力，以海上风力发电为突破口，促进能源创新，推动经济增长和减排，并支持沿海社区的发展。（4）减少海洋塑料污染，阻止塑料进入海洋，引入新的生物降解塑料，提高公众的海洋保护意识。（5）制定准确和有效的海洋环境评估体系（包括食品、碳捕获、减轻灾害和支持人类健康等方面），明确将其纳入决策参考体系。（6）确保英国的海外领土能够抵御海洋环境与气候变化有关的风险，例如大西洋飓风带来的经济损失。（7）促进、支持、实施稳定而有效的全球海洋治理措施，保障英国的领导地位，保护国家利益。（8）利用英国的科学技术优势，与发展中国家建立海洋合作；与热带发展中国家进行渔业管理合作；与全球发展中国家进行减缓气候变化合作；推广英国的水文监测和可持续海洋管理经验。[1]

二、俄罗斯蓝色经济战略

(一) 俄罗斯蓝色经济概况

俄罗斯濒临北冰洋、大西洋和太平洋，其海上边界达 3.8 万千米，与 12 个国家（挪威、芬兰、爱沙尼亚、立陶宛、波兰、乌克兰、格鲁吉亚、阿塞拜疆、哈萨克斯坦、美国、日本和朝鲜）共有海界。优越的地理条件使俄罗斯成为名副其实的海洋强国。[2] 俄罗斯管辖的大陆架和大陆坡面积为 620 万平方千米，俄罗斯专属经济区面积约 760 万平方千米（占世界海洋总面积的 2%）。在俄罗斯 85 个地区中有 23 个沿海，占全国总面积的 60.1% 和总人口的 24.5%。[3] 直到 1991 年，俄罗斯的海上活动都是在单一的苏联经济综合体框架内进行的，苏联宣称自己具有大陆大国和海上强国的双重特征。苏联解体后，俄罗斯失去了苏联沿海基础设施的很大一部分（17 个苏联航运公司中的 9 个、67 个海港中的 25 个）。自 1994 年以来，俄罗斯以海洋为导向的发展具有补偿性和恢复性特点。到 21 世纪初，总体而言，复苏问题得到了成功解决，海上活动成为俄罗斯融入全球经济的最重要因素，也是俄罗斯作为欧亚大陆最重要国家之一这一定位的重要组成部分。俄罗斯的海上定位主要表现为海港网络的显

---

① "英国发布《海洋未来》预见报告"，中国科学院科技战略咨询研究院，2018 年 5 月 15 日，http：//www. casisd. cn/zkcg/ydkb/kjzcyzxkb/2018/201805/201805/t20180515_5011255. html。

② 万青松、陈雪："试析俄罗斯海洋管理体制"，《欧亚经济》，2014 年第 1 期，第 51 页。

③ A. G. Druzhinin and S. S. Lachininskii, "Russia in the World Ocean: Interests and Lines of Presence", *Regional Research of Russia*, November, 2021, pp. 336 – 348.

著扩张，以及货物周转量的爆炸式增长（1994 年至 2020 年增长了 7.8 倍，即高达 8.4 亿吨）。总体而言，俄罗斯目前有 67 个海港。①港口和物流综合体的发展为该国沿海地缘经济节点（主要是圣彼得堡）的再工业化创造了先决条件。新的（苏联时期没有的）水下工程基础设施建设，包括管道、电力电缆和光纤互联网线路，也成为海上导向的明显体现。其中，俄罗斯天然气工业股份公司自 2000 年以来一直在实施最雄心勃勃（且成本高昂）的海底天然气管道建设战略，外国合作伙伴参与其中，将俄罗斯碳氢化合物出口到欧盟（德国）和土耳其。俄罗斯关于建设海上天然气输送系统的决定是为减少对过境国依赖（考虑到乌克兰和白俄罗斯的周期性过境危机）和依据遏制可能的地缘政治风险的逻辑做出的。然而，完全克服后者是不可能的。与此同时，不利的地缘经济环境的出现，不仅与能源价格的波动有关（包括与新冠病毒大流行有关），而且还与长期的结构性因素有关（来自液化天然气的竞争、旨在减少碳氢化合物进口的欧盟能源政策、美国在能源市场上的活动等）。这些因素显著降低了海底天然气输送设施的整体效率，从而限制了进一步扩大其容量的努力。

（二）普京时期俄罗斯海洋战略

普京上台后高度重视海洋战略的谋划，相继出台了多份战略性文件，这些文件构建起俄罗斯海洋战略的基本框架，其中最值得关注的是 2015 年普京批准的《2030 年前俄联邦海洋学说》。为进一步明确和落实《2030 年前俄联邦海洋学说》确定的各项任务，2019 年 8 月，俄政府批准了新修订的《2030 年前俄联邦海洋活动发展战略》。在俄罗斯语境中，某一方向的"学说"具有长期性、指导性

---

① A. G. Druzhinin and S. S. Lachininskii, "Russia in the World Ocean: Interests and Lines of Presence", *Regional Research of Russia*, November, 2021, pp. 336 – 348.

和战略性，"海洋学说"即是如此。2001 年批准的《2020 年前俄联邦海洋学说》是俄罗斯制定的首部全面阐述国家海洋战略的纲领性、综合性文件。为适应国际局势变化和巩固俄罗斯海洋强国地位的需要，2015 年俄罗斯颁布了《2030 年前俄联邦海洋学说》，明确规定俄罗斯海洋战略的目标是实现和维护俄联邦在世界海洋中的国家利益，巩固俄联邦在世界海洋强国中的地位。其具体内容涵盖海上运输、海洋资源开发和保护、海洋科研、海洋军事活动四大领域，体现出对安全、发展、合作、人才四方面的强烈关注。该版学说首次明确将中国、印度作为重要合作伙伴，但对中国和印度的表述有细微差别，两版学说分别指出："俄罗斯国家海洋战略在太平洋的重要组成部分，是发展与中国的友好关系"，"俄罗斯国家海洋战略在印度洋最重要的方向，是发展与印度的友好关系"，也就是说，俄罗斯把印度视为其在印度洋地区最重要的依托伙伴，而中国则是其在亚太地区所依托的重要组成部分。海洋战略是根据海洋学说制定的，旨在进一步落实海洋学说确定的任务，制定和实施俄罗斯在各海洋发展领域拟采取的措施。北极战略是俄罗斯海洋战略的重要组成部分，俄罗斯希望通过对北极地区能源开发的经济收益，加快军事安全部署和海空搜救能力建设，借助北方航道复兴改变其海权状况，巩固其在北极的实际存在、能力优势和法律主张。[1]

（三） 普京时期俄罗斯海洋战略的实践

普京时期俄罗斯海洋战略的实践，从复兴船舶工业、发展海上运输业、开发海洋能源资源、调整和发展海洋渔业、开展海洋科学研究等多个领域展开。第一，复兴船舶工业。俄罗斯造船业历史悠久且基础较好，是由造船厂、舰船配套设备企业、科研设计机构和高等院校组成的综合体系。俄罗斯西北地区的造船能力尤为突出，

---

① 刘洋："普京时期俄罗斯海洋战略的内涵、实践及特征"，《俄罗斯东欧中亚研究》，2021 年第 2 期，第 111—115 页。

集中了国内造船的主要技术和生产潜力，提供了超过80%的船舶研发和超过70%的船舶生产，同时还集中了船舶的主要出口潜力。俄罗斯造船业发展方针经过反复调整，对船厂进行了现代化改造和改组，从而建立起一体化的造船中心。《2035年前俄联邦造船业发展战略》提出了庞大的造船计划。在民用船舶方面，为满足国内市场需求，2035年前将建造约250艘海上运输船和超过1500艘河—海级运输船、1640艘渔船、约250艘救援和技术船、90艘科学考察船、24艘破冰船以及约150艘用于开发大陆架的海洋技术船。[①] 第二，发展海上运输业。海上运输业在俄罗斯国家海洋战略中处于极为重要的地位，能够以地理上的灵活性来保障政治上的独立性，是最有效且具有军事战略意义的经济活动样式。目前，俄罗斯海上运输业发展的着力点有三个方面：一是发展北方航道，增加北方航道的货物运输量和货物转运量；二是进行港口基础设施建设和现代化改造，降低运输成本，提高港口吞吐能力，增强本国海上运输的国际竞争力；三是增加悬挂俄联邦国旗船只在国际、沿海和过境货物和客运运输中的份额，简化船舶登记、减少水手和海关壁垒。第三，开发海洋能源资源。俄罗斯海洋战略重视对北极油气资源的开发。《2035年前俄联邦北极国家基本政策》强调指出："北极地区是保障国家社会经济发展的战略资源基地。北极地区保障了全国80%以上天然气和17%石油的开采。"[②] 2017年12月，被誉为"北极圈上的能源明珠"的亚马尔液化天然气项目正式投产，该项目是全球纬度最高、规模最大的液化天然气项目，是中俄能源合作的重大项目。第四，调整和发展海洋渔业。俄罗斯渔业资源极其丰富，北极地区尤其如此。苏联解体后，俄罗斯渔业开发进入无序竞争状态，原有大型国

---

① 刘洋："普京时期俄罗斯海洋战略的内涵、实践及特征"，《俄罗斯东欧中亚研究》，2021年第2期，第111—115页。

② 刘洋："普京时期俄罗斯海洋战略的内涵、实践及特征"，《俄罗斯东欧中亚研究》，2021年第2期，第111—115页。

营渔业企业被分割，小型渔业加工公司数量剧增。此外，俄罗斯渔业还面临着资金短缺、设备陈旧、管理不善和技术落后等问题。为加强对渔业生产的宏观管理，2007 年俄罗斯政府恢复设置国家渔业署。2009 年出台了《2020 年前俄联邦渔业综合体发展战略》，确立了由原料出口型向集约创新型发展的总体目标。2019 年俄政府批准《2030 年前俄联邦渔业发展战略》，进一步确定了渔业优先发展项目和发展目标。第五，开展海洋科学研究。俄罗斯拥有丰富的海洋科考经验，在苏联时期即已对北冰洋持续开展了长达 40 多年的研究，积累了北冰洋海底地质研究的丰富数据。苏联解体后，其在全球海洋科考的范围不断缩小。普京上台后随着综合国力的提升，俄罗斯全面恢复了海洋调查与科考活动，其海洋研究重点集中在保护海洋环境、调查海洋资源和水文地理研究等方面。俄罗斯建立了海洋科考中心，专门负责远洋科考、海洋调查及相关协调工作。

三、法国蓝色经济战略

（一）法国蓝色经济概况

法国是西欧面积最大的国家，面积为 672834 平方千米（本土面积 553965 平方千米）。法国拥有广阔的海洋区域（专属经济区面积 1100 万平方千米），世界海洋经济区域面积排名世界第二。这跟法国曾经是仅次于英国的世界第二大殖民帝国分不开，法国在世界三大洋上都拥有海外领地，是其殖民帝国的遗产。[①] 从国土面积来说法国是个小国，但从海域面积来说，法国堪称世界超级大国，因为其领海面积是国土面积的 15 倍。法国在全世界分布着 4 个海外省，2 个海外行政区，1 个海外省级行政区，1 个海外属国，1 个无建制岛

---

① "地图看世界：美国、法国是世界海洋经济区域面积最大的国家"，搜狐网，2019 年 3 月 19 日，https：//www.sohu.com/a/302163277_100098218。

屿。这些虽然面积都不大，但占据了广大的领海。850 万法国公民（包括 250 万居住在海外的公民）居住在 785 个沿海城市的 7200 千米海岸线上。蓝色经济是法国经济的重要组成部分。根据 2015 年的统计数据，法国渔业部门的收入为 17 亿欧元，每年在法国水域捕捞或收获超过 50 万吨甲壳类和近 20 万吨贝类动物。近 30 万个直接就业岗位（不包括旅游业）与海洋有关，产值约为 690 亿欧元。法国在帆船和刚性充气艇建造方面处于世界领先地位。但是，法国将自己定位为蓝色经济支持者的利益不仅仅在经济方面，还包括环境、社会、政治和外交方面的利益。[①] 法国一直是传统的海洋大国和强国。在法国有观点认为，在全球化时代，海洋的地位更加重要，特别是海洋运输作用凸显。当今国际贸易总运量中，有 67% 以上货物需经海运，有些国家的海运甚至占到货运总量的 90%。法国人认为，海洋这一运输通道作为经济大国和海洋大国的重要命脉，其重要性远胜于陆地。作为经贸的主干道，法国显然必须重点保护和发展海洋大动脉，而法国的现代海洋战略也在二战后得到了快速发展。

（二）法国蓝色经济管理

法国领导人戴高乐在 1960 年发出了"法兰西向海洋进军"的口号。1967 年，法国成立了国家海洋开发中心，其任务是在国营企业、私人企业和各部之间起到桥梁作用，发展海洋科学技术，研究海洋资源开发。20 世纪 70 年代初，为了进一步海洋化，法国制定了加大海洋调查、充分利用巨大海洋资源的海洋大国战略目标。80 年代，法国的海洋管理有了很大发展，在政府部门中增设了海洋部，职责为制定并实施法国海洋政策，负责法国本土管辖海域和海外领地管

---

① Sophie De Saint Denis and Margaux Fix, "Sustainable Blue Growth: A National Opportunity?", Wavestone, 2018, https://wavestone - advisors. co. uk/app/uploads/2018/03/blue - economy. pdf.

辖海域，保护海洋环境等，从此法国实现了海洋的集中统一管理。进入 90 年代，法国制订了 1995—2000 年海洋战略计划。进入 21 世纪后，法国于 2005 年决定成立海洋高层专家委员会，负责制定此后 10 年的海洋政策。另外，1984 年成立的法国海洋开发研究院（以下简称研究院）是法国国家海洋研究机构，由原法国国家海洋开发中心和海洋渔业科学技术研究所合并而成。研究院受法国工业科研部和海洋国务秘书处双重领导，研究海洋开发技术和应用性海洋科学。该研究院的具体工作任务有：制订和协调海洋开发计划，审议和决定其下属机构的海洋研究与开发计划，研制用于海洋开发与研究的仪器和设备，参加海洋开发的国际合作计划，促进法国海洋科学应用技术或工业产品的出口。①

（三）法国蓝色经济战略

2007 年，欧盟制定了《海洋综合政策蓝皮书》。经过海洋圆桌会议的商讨，法国于 2009 年出台了第一部《法国海洋政策蓝皮书》。蓝皮书的出台既是出于法国海洋经济发展的诉求，也是对未来海洋领域发展的总体规划。在此基础上，法国于 2017 年制定了《海洋和沿海地区国家战略》，确立了四大发展目标：促进海洋和沿海地区的生态改革，发展可持续的蓝色经济，保护海洋生态环境和具有吸引力的沿海地区，提高法国的影响力。2019 年，法国发布了《印太地区的法国与安全》，维护印度洋地区的海洋安全成为法国印太战略中的一个主要目标。法国自称为"印度洋国家"，主要是因为法国在南印度洋有两个海外领地——留尼汪岛和马约特岛。留尼汪岛大约有 83.3 万人，是法国海外领地中人口密度最高的省份之一，基础设施发达，经济繁荣。马约特岛于 2011 年 3 月成为法国的海外领地，被面积为 7.4 万平方千米的专属经济区所包围，是南印度洋的重要海

---

① 黄昊："描绘海洋经济前景，法国很用心"，《光明日报》，2018 年 6 月 21 日。

上战略通道。早在 2009 年的蓝皮书中法国就关注了南印度洋这个特定区域，"主要的国际海上航线在此交汇。为了有效保护南印度洋的海洋环境，无论哪个部门都要重视'印度洋上的法国'这一概念。南印度洋海盗日益猖獗，非法捕鱼盛行，法国必须担负起该地区海洋治理的重任"。法国承诺遵守国际法，维护航行安全，保护南印度洋上战略通道，打击海盗和恐怖主义。①

四、德国蓝色经济战略

（一）德国蓝色经济概况

海事行业是德国经济的最重要组成部分。据估计，其年营业额高达 500 亿欧元，直接或间接依赖海事行业的工作岗位数量高达 40 万。② 海事行业不仅限于北海和波罗的海沿岸的关键地点，其遍布德国：供应公司遍布德国所有地区，特别是巴登—符腾堡州、巴伐利亚州和北莱茵—威斯特法伦州；海港和内陆港口通过现代高效的交通基础设施与腹地相连，它们是欧洲和国际贸易的重要枢纽，对制造业和服务供应商来说具有吸引力。德国海事行业开发和制造高端船舶和设备，广泛应用于海上：民用海船（商船、客船和游艇）、海军舰艇和船只、制造设施和输送系统、维修和改造服务等。据估计，在造船厂、机械和设备工程领域，约有 500 家公司，提供约 9 万个

① 梁甲瑞："印太战略视域下的印法印度洋地区海洋安全合作探析"，中国智库网，2020 年 7 月 5 日，https：//www. chinathinktanks. org. cn/content/detail/id/mqsc6d85。

② Federal Ministry for Economic Affairs and Energy，"Maritime Agenda 2025：The Future of Germany as a Maritime Industry Hub"，March 2017，https：//www. bmwi. de/Redaktion/EN/Publikationen/maritime – agenda – 2025. pdf？__blob = publicationFile&v = 5.

工作岗位。① 海洋技术涉及专注于探索和利用海洋作为能源、原材料和食物来源以及海洋保护的创新型公司和相关学科。海洋的可持续利用为能源和原材料的环保和安全供应做出重要贡献，因此对德国作为工业基地将发挥战略性作用。在德国，超过 360 家航运公司运营着大约 2700 艘海船。根据船东国籍，德国是仅次于希腊、日本和中国排名第四的航运国。在集装箱运输领域，德国拥有全球约 29% 的集装箱运输能力。② 海事行业的另一部分是海上风能，这在德国能源转型中发挥着重要作用。鉴于其性能潜力和可靠性，海上风能将在欧洲安全、环保的能源供应中占据稳步增长的份额。降低发电成本为这些新技术提供了巨大的增长潜力和出口机会。2014 年，德国海上风电场建设的投资总额约为 54 亿欧元。同年，海上风能行业的总就业人数达到 1.87 万人。2015 年海上风能出口比例约为 50%，相当于约 20 亿欧元。③

（二）德国海洋议程 2025

2017 年 3 月，德国联邦经济与能源部发布了《海洋议程 2025：德国作为海洋产业中心的未来》（以下简称《议程》）。《议程》梳理了德国海洋事务发展的整体情况，并对未来德国海洋管理、产业、

---

① Federal Ministry for Economic Affairs and Energy, "Maritime Agenda 2025: The Future of Germany as a Maritime Industry Hub", March 2017, https://www.bmwi.de/Redaktion/EN/Publikationen/maritime – agenda – 2025. pdf? __blob = publicationFile&v = 5.

② Federal Ministry for Economic Affairs and Energy, "Maritime Agenda 2025: The Future of Germany as a Maritime Industry Hub", March 2017, https://www.bmwi.de/Redaktion/EN/Publikationen/maritime – agenda – 2025. pdf? __blob = publicationFile&v = 5.

③ Federal Ministry for Economic Affairs and Energy, "Maritime Agenda 2025: The Future of Germany as a Maritime Industry Hub", March 2017, https://www.bmwi.de/Redaktion/EN/Publikationen/maritime – agenda – 2025. pdf? __blob = publicationFile&v = 5.

安全等问题做出规划。德国是海陆复合型国家，这使得如何处理海洋要素在国家发展中的作用成为突出问题。受地理位置、历史发展、社会环境、管理体制、经济水平等因素影响，德国的海洋发展水平已全球领先，这与德国对海洋事务的管理与规划密不可分。《议程》是德国近年来首次制定的海洋发展长期战略，进一步巩固了德国政府管理部门、产业界、科学界和工会等各参与方间的协调机制，并确立了以高技术、高标准和高国际参与手段提升德国海洋产业国际竞争力的总体方针。《议程》十分重视内陆要素在德国海洋管理与产业发展中的重要作用，这反映出典型的海陆复合型国家的战略考量。在海洋管理层面，德国建立了由海向陆的分散—协调型管理机制。德国未设立全国统一的综合型海洋行政管理机构，沿海州以及各涉海行业部门发挥着管理海洋事务的主体作用。但德国建立了海洋协调员、国家海洋会议和部门论坛等协调机制，将管理海洋的职能分解到各陆海相关部门，如联邦海洋与水道局、联邦经济与能源部、联邦运输部及数字基础设施部、联邦环境自然保护和核安全部等。为进一步凸显内陆在海洋管理中的作用，《议程》还计划在内陆地区组织召开国家海洋会议，以突出海洋部门对整个德国经济的意义。

五、欧盟蓝色经济战略

（一）欧盟蓝色经济概况

欧洲被两洋四海（大西洋和北冰洋，以及波罗的海、北海、地中海和黑海）所环绕，这一地理位置使得欧洲的利益与海洋息息相关。欧盟 27 个成员国中有 23 个国家临海，沿海地区人口在欧盟总人口中占到一半左右，沿海地区经济总量也占到欧盟的近一半，欧盟对外贸易的 75% 及内部贸易的 40% 均依靠海运完成。此外，约 3%—5% 的欧洲国内生产总值来自海洋相关产业。欧洲的相关海洋活动和产业主要涉及四个领域，即航运业、渔业、造船和港口。其他的海洋活动和产业囊括（但不限于）航海设备、海上能源（包括石油、天然气和可再生能源）、海上和沿海旅游、水产业、潜艇通信、海洋生物科技和海洋环境保护。这些高度发达的蓝色产业已成为欧盟经济的重要支撑，并助推欧盟成为世界上领先的海洋力量。[①]欧盟发布的 2021 年度蓝色经济报告显示，2018 年欧盟蓝色经济行业直接岗位近 450 万个，创造约 6500 亿欧元产值，且海洋能源、海洋生物技术和机器人技术（人工智能）等正在欧盟向碳中和、碳循环及生物多样性经济转型中发挥重要作用。报告还显示 2013—2018 年，欧盟蓝色经济最成熟的七大行业，包括海上运输、海上风能、造船和沿海旅游业等加速增长，其中欧盟最大的蓝色经济行业——沿海旅游业产值比 2009 年增长 20.6%。但受疫情影响，上述行业均受到严重冲击，其中沿海旅游活动减少 60%—80%。[②]据欧洲海洋能组织预测，2021 年波浪能和潮流能领域技术发展前景良好，预计在欧洲潮流能将部署 2.9 兆瓦，波浪能将部署 3.1 兆瓦。根据欧盟发布的海洋可再生能源战略，海洋能到 2025 年装机将达到 100 兆瓦。爱尔兰、葡萄牙和西班牙在其国家能源和气候计划中设定了到 2035 年总计 230 兆瓦的海洋能装机目标。根据目前宣布的项目计划，乐观估计，未来 7 年欧盟海洋能项目规模将达约 2.4 吉瓦。[③]

（二）欧盟蓝色经济战略

欧盟在 2007 年 10 月出台了首份海洋蓝皮书——《欧盟综合性海洋政策》。这份蓝皮书全面阐述了欧盟关于海洋利用和保护的未来设想与规划，标志着欧盟海洋战略开始转型：从早期聚焦区域海洋

---

① 程保志："从欧盟海洋战略的演进看中欧蓝色伙伴关系之构建"，《江南社会学院学报》，2019 年第 4 期，第 34 页。

② 中国科学技术部："欧盟发布 2021 年度蓝色经济报告"，2021 年 6 月 9 日，http://most.gov.cn/gnwkjdt/202106/t20210609_175135.html。

③ "欧盟发布《2021 年度蓝色经济报告》"，国际新能源网，2021 年 7 月 14 日，https://newenergy.in-en.com/html/newenergy-2407391.shtml。

治理迈向积极投身全球海洋事务。在此基础上，2009 年 10 月，欧盟出台第二份海洋蓝皮书——《欧盟综合性海洋政策的国际拓展》。该蓝皮书致力于促进欧盟在国际海洋事务中发挥领导作用。这种领导作用有两个维度：第一，加强欧盟内部协调，在国际海洋事务中"用一个声音说话"，确立欧盟在海洋事务方面的单一实体地位，目标是迈向"共同海洋政策"。第二，践行"海洋区域主义"，整合区域海洋治理经验，通过"欧盟方案"在全球层面引导和主导国际海洋治理的新发展。[①] 一方面，欧盟是区域海洋治理的先行者，在渔业资源的养护和可持续利用、海洋环境保护和污染防治等方面积累了丰富经验；另一方面，欧盟通过在某些方面以较高标准遵守《联合国海洋法公约》和其他国际协定，谋求树立其在国际社会忠实履行国际义务的良好形象，增加其参与国际海洋事务的正当性和话语权。

---

　　① 程保志："从欧盟海洋战略的演进看中欧蓝色伙伴关系之构建"，《江南社会学院学报》，2019 年第 4 期，第 35 页。

第二篇

区域国别

第二章

第四章　印度洋区域大国蓝色经济开发

印度洋沿岸国家以中小发展中国家为主，但也有一些区域性大国在本地区和整个印度洋区域发挥着重要影响力。澳大利亚地处太平洋与印度洋交汇处，对南太平洋岛国具有重要影响力，近年来也加强了与印度的合作，在环印联盟中发挥着重要作用；印度是南亚地区的强国，一向看重南亚地区；南非则是非洲的重要国家，在非洲联盟中扮演着领导性角色。本章主要对这三个区域性大国的蓝色经济开发政策进行分析，而印度又是其中的重中之重。

第一节　澳大利亚蓝色经济开发

澳大利亚位于南太平洋和印度洋之间，广阔的海洋将该国与其他国家分开。大多数澳大利亚人居住在海岸附近，深受海洋文化影响，而且澳大利亚大多数商业活动也都通过海洋途径进行。另外，澳大利亚的能源供应越来越依赖于海洋，海洋也为澳大利亚人民提供食品、娱乐以及最基础的生态服务系统，如气候调节和养分循环，因此，海洋对澳大利亚的社会、经济和环境发展起着重要的作用。

一、澳大利亚蓝色经济概况

澳大利亚是海洋经济强国，海洋经济在其国民经济发展中占有重要地位。2008 年，澳大利亚提出了蓝色经济的概念，将海洋经济分为海洋渔业、海洋油气业、海洋船舶修造业、海洋建筑业、海洋旅游业和海洋运输业六大类。海洋旅游业和海洋油气业是澳大利亚海洋经济的重要支柱产业，前者占比达 45%，后者达 34%。从海洋产业的就业贡献来看，海洋旅游业就业人数占比 62%，海洋油气业就业人数占比 17%。澳大利亚油气资源相当丰富，探明天然气储量为 2.4 万亿立方米，石油储量为 40 亿桶。[①] 虽然澳大利亚具有强大的石油和天然气的开采能力，但是由于国内市场狭小，其生产和消费都极度依赖国际市场。2018 年，澳大利亚石油消费量为 5110 万吨，石油产量仅为 1520 万吨，石油净进口量为 3590 万吨，即 70% 以上的石油依赖进口。[②] 澳大利亚拥有比陆地面积还要大的海域管辖面积，又是世界著名的渔业产区，因此澳大利亚的海洋渔业也相当发达。但澳大利亚的海洋捕捞，呈现逐年下降的趋势。澳大利亚对渔船、网具、作业品种和作业季节的要求十分严格。在海洋运输业方面，澳大利亚是连接南太平洋和印度洋的重要节点，也是世界上重要的南行航线的节点，是进入南太平洋地区的重要出发地和中转站，更是进入南极洲地区的重要补给地。可以说，澳大利亚控制了一条重要的海上交通线。澳大利亚海岸线漫长，有利于港口建设。目前全国港口超过 100 个，墨尔本是澳大利亚最大的现代化港口，总贸易量中约 62% 实现集装箱化。[③]

---

① 周乐萍："澳大利亚海洋经济发展特性及启示"，《海洋开发与管理》，2021 年第 9 期，第 5 页。

② 周乐萍："澳大利亚海洋经济发展特性及启示"，《海洋开发与管理》，2021 年第 9 期，第 5 页。

③ 周乐萍："澳大利亚海洋经济发展特性及启示"，《海洋开发与管理》，2021 年第 9 期，第 4 页。

二、澳大利亚蓝色经济政策

澳大利亚是联邦制国家，包括昆士兰州、新南威尔士州、维多利亚州、南澳大利亚州、西澳大利亚州、塔斯马尼亚州六个州，首都地区、北方领土地区两个地区。1979 年，澳大利亚颁布了海岸和解书，规定州和领地的控制范围是从海岸向海延伸 3 海里。后来，《联合国海洋法公约》把国家的领海宽度从 3 海里延伸到 12 海里，但澳大利亚州、领地的海域管理范围维持不变，因此海岸和解书清晰地划分了联邦政府与各州、领地之间的海域管理权，奠定了联邦政府在海洋管理中的绝对优势控制地位。澳大利亚按照本国宪法的规定，采取联邦政府和州政府之间既有分工又有协作的海洋管理机制。在管理内容上，凡是涉及外交、国防、移民、海关的海洋事务均由联邦政府统一管理，除此之外的海洋事务则由州政府和地方政府负责。[①]

澳大利亚政府从 1997 年开始陆续公布了《澳大利亚海洋产业发展战略》《澳大利亚海洋政策》和《澳大利亚海洋科技计划》三个文件，提出了澳大利亚 21 世纪的海洋战略及发展海洋经济的一系列政策措施。《澳大利亚海洋产业发展战略》的目的是统一产业部门和政府管辖区内的海洋管理政策，为保证海洋的可持续利用提供一个框架，并为规划和管理海洋资源及其产业的海洋利用提供战略依据。该战略明确了以综合管理作为协调海洋产业之间、管理机构之间关系，以及推进海洋产业发展的根本管理模式。该战略还明确了发展海洋经济的具体政策，包括：现有海洋产业部门的长期发展、新兴海洋产业部门的形成和发展、促进出口、为海洋提供服务和供应的各经济部门的发展和壮大、通过维持或恢复海洋产业正常运转和健

---

① 谢子远、闫国庆："澳大利亚发展海洋经济的经验及我国的战略选择"，《中国软科学》，2011 年第 9 期，第 18—21 页。

康的海洋环境来实现海洋产业发展的持续性。《澳大利亚海洋政策》的核心是维护生物多样性和生态环境，对可持续利用海洋的原则、海洋综合规划与管理、海洋产业、科学与技术、主要行动等五个部分做了详尽的规定，为规划和管理海洋开发利用提供了法律依据。《澳大利亚海洋科技计划》为澳大利亚领海、毗连区的环境、资源保护和可持续使用研究制订了基本的科学行动计划，主要包括认识海洋环境、海洋环境的利用和管理、认识和利用海洋环境的基础设施三方面内容，旨在满足澳大利亚所承担的国际协议和条约义务、响应全球变化、对自然资源需求的增长及环境资源所承受压力、环境恢复和保持整体性、维护国家安全、承认和保护原住民合法财产权等方面的需要。[①]

澳大利亚政府于 2013 年 3 月发布了《海洋国家 2025：海洋科学支持澳大利亚蓝色经济》报告。该报告由隶属澳大利亚政府的海洋科学顾问小组负责撰写，它提出了一个国家框架，探讨如何应对澳大利亚面临的海洋资源问题，以及如何利用海洋科学解决该问题的方案。报告还详细分析了澳大利亚海洋研究设施和能力的优势和缺陷，并为未来 10 年澳大利亚海洋科学的发展战略提出建议。这份报告概括了澳大利亚所面临的六大挑战：（1）主权、安全、自然危害：加强海洋预报，提高水文数据和图表的精确度。（2）能源安全：支持发展能源资源，特别是液化天然气和可再生能源资源，绘制探查和开发碳封存的模型。（3）粮食安全：支持水产养殖业、野生鱼类捕捞业的管理数据和工具的研究。（4）保护生物多样性和生态系统健康：描述生物多样性和未知领域，发掘海床和水层栖息地生态区功能，发展澳大利亚的环境监测能力，开发可通过人工干预预测自然和生物多样性变化后果的工具。（5）应对气候变化：详细了解海平面上升、海洋气温升高、海洋碳汇和海洋酸化的作用，以支持政

---

① 谢子远、闫国庆："澳大利亚发展海洋经济的经验及我国的战略选择"，《中国软科学》，2011 年第 9 期，第 20 页。

府减缓和适应气候变化的努力。（6）最优资源配置：通过整合社会、经济和环境信息，开发透明、强有力和责任制的辅助工具和技能，用于解决关键政策和管理问题。澳大利亚于 2015 年发布了《澳大利亚海洋研究所 2015—2025 年战略规划》，其核心内容是：加强对亚热带海洋资源的研究，拓展海洋资源利用空间，支持海洋生态系统的有效管理，加强在区域蓝色经济中的影响力。[①] 澳大利亚在海洋环境保护方面，建立了健全完善的生态环境保护体系。自 20 世纪 60 年代至今已经建立了联邦、州、市三级法律法规。仅联邦政府就出台了《环境保护和生物多样性保护法》《濒危物种保护法》《大堡礁海洋公园法》等 50 余个环境保护相关的法律，地方层面更是多达上百部。[②]

三、澳大利亚蓝色经济合作

澳大利亚是典型的外向型经济，海洋经济作为澳大利亚国民经济的重要组成部分，对于国际市场的依赖程度较高。1996 年澳大利亚与日本开始建立磋商关系，并逐步和日本、印度、美国及东南亚各国构建"泛亚洲"地区，日本一度成为澳大利亚最大的贸易伙伴。澳大利亚将国际关系转向"融入亚洲"之后，与中国逐步建立贸易伙伴关系，2008 年以来中澳经贸联系更为紧密，中国已经成为澳大利亚第一贸易伙伴、第一出口目的地和第一进口来源地。[③] 同时，澳大利亚作为南半球最发达国家，积极参与亚洲事务，通过海洋科技

---

① 游锡火："澳大利亚海洋产业发展战略及对中国的启示"，《未来与发展》，2020 年第 4 期，第 80—83 页。

② 张亚峰、史会剑等："澳大利亚生态环境保护的经验与启示"，《环境与可持续发展》，2018 年第 5 期，第 23—26 页。

③ 赵艳："中国是澳大利亚最大贸易伙伴、第一大出口市场"，人民网，2019 年 1 月 11 日，http://world.people.com.cn/n1/2019/0111/c1002 - 30517652.html。

发展的优势，逐步建立海洋事务准则，通过海洋事务与对外援助加强与太平洋岛国的联系，提升其在海洋事务中的主导地位。

澳大利亚和印度近年来不断加强海洋合作。这主要表现在举行联合海军演习、建立海洋对话机制、推动地区海洋治理等方面。在联合海军演习方面，2015 年、2017 年和 2019 年，两国先后在孟加拉湾、澳大利亚水域举行双边海军演习。在建立海洋对话机制方面，两国举行国防部长固定对话、进行海军参谋长年度会晤、举行双边海洋安全对话。在推动地区海洋治理方面，两国在印度洋合作组织中不断携手合作。印度洋地区的合作组织经济上主要有环印联盟，安全上主要有印度洋海军论坛。2011 年，印度担任环印度洋地区合作联盟主席国，澳大利亚担任副主席国。在两国的共同推动下，环印度洋地区合作联盟确立了六个海洋优先发展领域，并将海洋安全与保障放在第一位。这是该联盟首次超越经济议题，将安全问题纳入其中。2013 年，澳大利亚成为环印度洋地区合作联盟主席国，在珀斯举行的第三次部长理事会会议上，决定将环印度洋地区合作联盟改为环印度洋联盟。印度洋海军论坛由印度于 2008 年发起成立，现有 35 个成员国，每两年举行一次会议。澳大利亚 2014 年成为印度洋海军论坛主席国，并在珀斯举行了论坛大会。

澳大利亚和印度的关系长期比较冷淡，海洋合作也不密切。两国近年来之所以不断加强海洋合作，既是双方战略调整的结果，也是因为两国重叠利益逐渐增多，与对方合作可增加自身利益。两国有深度的海洋合作主要发生在"印太"概念被热炒以后，特别是莫迪执政之后。在 2015 年发布的《确保海洋安全：印度的海洋安全战略》中，莫迪政府明确表示全球和地区的地缘政治环境已发生很大变化。在这种背景下，莫迪政府提出了"东向行动"政策，澳大利亚被视为一个关键战略伙伴。印太地缘政治的变化也促使澳大利亚调整其海洋战略。在 2016 年的国防白皮书中，澳大利亚表示印度的

"东向行动"政策为两国在印太地区更多的双边和多边合作提供了机会。[①]

第二节　印度蓝色经济开发

印度天然的地理特征决定了印度国家的命运与海洋有着不可分割的关系，特别是进入被称为"海洋世纪"的 21 世纪。印度位于印度洋北部的中心位置，三面环海。印度拥有 7516 千米的海岸线，1200 多个岛屿，202 万平方千米的专属经济区，大约 120 万平方千米的大陆架。而印度洋作为世界主要海运交通枢纽，三面被陆地环绕，要进出其他大洋，只能从阿拉伯海到孟加拉湾以及南印度洋的特定咽喉要道上通过。印度大陆的两侧濒临阿拉伯海与孟加拉湾，并居于俯视南印度洋广阔海域中心的位置。[②]

一、印度蓝色经济概况

在印度海洋经济中，除去海洋矿产资源的开采、海洋波浪能的实验性利用、海洋旅游等产业外，海洋渔业捕捞、海洋航运与海上贸易、油气资源、海洋运输可以说是核心支柱产业，很大程度上反映了印度洋地区的经济面貌。在海洋渔业捕捞方面，相比于太平洋和大西洋，印度洋的渔业资源并不算发达，但仍然是印度洋沿岸国家海洋经济的支柱产业之一。作为印度洋地区的人口大国和经济大国，印度的渔业产量可谓首屈一指。印度渔业生产以传统的捕捞方

---

① Government of Australian, "The 2016 Defence White Paper", p. 135.

② 刘磊："莫迪执政以来印度海洋安全战略的观念与实践"，《国际安全研究》，2018 年第 5 期，第 100 页。

式为主，海洋捕捞产量中80%来自50米水深区域，20%来自200米以内水深区域，深海捕捞只占2%。① 在海洋航运与海上贸易方面，印度有12个主要港口和200个非主要或中级港口（由邦政府管理）。此外，印度是世界前五大拆船国之一，在全球拆船市场占有30%的份额。② 在油气资源方面，石油约占印度所需能源的32%，且严重依赖进口，而进口的石油中又有90%来自于距印度海岸只有600海里的波斯湾地区，足见波斯湾航线对于印度能源进口的重要性。此外，不断增加的装载液态天然气船只经由非洲南部海域驶向印度，而印度还从卡塔尔、马来西亚和印尼持续进口液态天然气。在煤炭方面，单单从莫桑比克进口煤炭已不能满足印度国内市场的需求，印度已经开始从南非、印尼和澳大利亚等印度洋国家进口煤炭。印度一些安全分析人士甚至认为，在未来20多年内，能源安全将成为印度的核心战略关切，为此印度必须为解决能源安全问题做好战争准备。③

二、港口在蓝色经济中的地位

港口在全球供应链中起着至关重要的作用，扮演着港口地区与其他国家之间贸易促进者的角色；港口还通过与港口相关的经济活动提供经济附加值；港口经济的发展还能够转化为与港口有关的就业。

---

① "印度渔业"，《中国大百科全书》，https://www.zgbk.com/ecph/words? SiteID=1&ID=123009&SubID=72107。

② "港口和航运"，印度投资署网站，https://www.investindia.gov.in/zh-cn/sector/ports-shipping。

③ 宋德星：《印度海洋战略研究》，时事出版社2016年版，第195—210页。

（一）贸易促进者

运输成本占贸易品价值的很大一部分。与沿海国家相比，内陆国家的贸易成本更高。根据一项对 97 个发展中国家（其中 17 个是内陆国家）的研究，内陆发展中国家的货运和保险费用平均比沿海经济体高出 50%。[1] 这与陆路运输比例较大有关，因为通过陆路运输货物比通过海路运输的费用要高出 7 倍。[2] 运输与贸易之间关系的一个重要决定因素是时间。产品在装船前每多花一天就会减少超过 1% 的交易，[3] 使制成品的价值增加 0.8%。[4] 另外，延误的不确定性对贸易下降的影响更大。研究发现，港口效率、港口基础设施和港口连通性对国际海运成本有重大影响。[5] 较高程度的对外贸易可以转化为较高的经济增长。现有关于贸易对经济产出和增长影响的研究表明，宏观经济证据为贸易对产出和增长的正面和显著影响提供了主要支持。无论如何，高额的贸易成本抑制了一个国家利用专业化和贸易的潜在收益来促进经济发展。

---

[1] Steven Radelet and Jeffrey Sachs, "Shipping Costs, Manufactured Exports, and Economic Growth", January 1, 1998, p. 5, https：//academiccommons. columbia. edu/catalog/ac：124167.

[2] Nuno Limão and Anthony J. Venables, "Infrastructure, Geographical Disadvantage, Transport Costs and Trade", December 20, 2000, p. 2, http：//citeseerx. ist. psu. edu/viewdoc/download? doi = 10. 1. 1. 22. 5096&rep = rep1&type = pdf.

[3] Simeon Djankov, Caroline Freund and Cong S. Pham, "Trading on Time", World Bank Policy Research Working Paper, 2006, p. 1, http：//www. doingbusiness. org/ ~ /media/WBG/DoingBusiness/Documents/Methodology/Supporting － Papers/DB － Methodology － Trading － On － Time. pdf? la = en.

[4] David Hummels, "Time as a Trade Barrier", Purdue University, July 2001, p. 1, http：//www. krannert. purdue. edu/faculty/hummelsd/research/time3b. pdf.

[5] Gordon Wilmsmeier, Jan Hoffmann and Ricardo J. Sanchez, "The Impact of Port Characteristics on International Maritime Transport Costs", *Research in Transport Economics*, Vol. 16, 2006, pp. 117 － 140, https：//www. sciencedirect. com/science/article/pii/S0739885906160060.

（二） 增值创造者

港口和港口相关行业创造出的增值可能是相当可观的。例如，2007 年鹿特丹港口集群的增加值为 128 亿欧元，约占当地 GDP 的 10%。2007 年，勒阿弗尔港口、鲁昂港口集群实现了地区和国家 GDP 的更高份额，占地区 GDP 的 20% 以上；安特卫普港口集群约占全国 GDP 的 3%。① 这些数字包括直接和间接增加值，这是港口经济影响研究中最常涉及的类别。此类影响常被划分为四种不同类型：直接影响、间接影响、诱发影响和催化影响。直接影响是港口建设和运营产生的就业和收入；间接影响是对货物和服务供应商的就业等产生的影响；诱发影响是由直接和间接影响造成的员工收入支出产生的就业和收入；催化影响是由港口推动生产力增长和吸引新公司所产生。港口越大，港口和港口相关部门创造的附加值就越高。一项研究显示，平均每吨的港口吞吐量与 100 美元的经济附加值相关联。② 这个数字包括直接和间接的港口增值。与港口相关的行业可以区分为港口所需行业、港口吸引行业以及港口诱发行业。港口所需行业包括运输服务和港口服务（如码头操作、码头搬运、拖船等）。港口吸引行业是出口商品的公司，或者进口产品或原材料的公司（如炼油厂和钢铁厂）。港口诱发行业是一个更广泛的类别，通常更难捕捉，因为很难评估它们对港口的依赖。一般来说，港口的直接影响包括对港口所需行业的影响，而间接影响覆盖港口吸引行业和港口诱发行业。

---

① Olaf Merk, César Ducruet, Patrick Dubarle, Elvira Haezendonck and Michael Dooms, "The Competitiveness of Global Port – Cities: The Case of the Seine Axis (Le Havre, Rouen, Paris, Caen) – France", OECD, July 2011, p. 9, p. 35.

② Olaf Merk, "The Competitiveness of Global Port – Cities: Synthesis Report", OECD, pp. 20 – 21.

（三）就业促进者

港口活动对就业的影响存在于不同的层次。直接就业影响是港口活动直接产生的工作岗位。由货物海运产生的直接就业包括在内陆产地与港口之间的铁路和货运公司产生的工作岗位，以及码头工人、轮船代理人、货运代理人、装卸工人等。当港口活动直接雇用者在当地将工资用于食品、住房和服装等商品和服务的消费时，在当地经济中所创造的就业机会属于诱发就业影响。相关使用者就业影响是指当公司使用港口用来运输和接收货物以及这些公司的员工是港口的常规使用者时所产生的就业影响。① 港口越大，该地区与港口有关的就业就越多。一项研究显示，平均每 100 万吨的港口吞吐量与 800 个就业机会相关联。②

三、印度萨加马拉计划与港口主导型发展战略

印度有着天然的海洋优势，拥有漫长的海岸线，在主要的国际贸易路线上占有战略位置，通航和具有通航潜力的水路达 1. 45 万千米。③ 然而，在充分利用港口与海洋资源促进可持续发展方面，印度尚有巨大的提升空间，而这也正是萨加马拉计划推出的背景因素。

（一）印度沿海开发的潜力分析

具有现代化和高效港口基础设施的强大海运物流可以成为经济

---

①　Martin Associates, "The 2030 Economic Impact of the Port of Seattle", October 27, 2014, pp. 4 – 5, https://www. portseattle. org/Supporting – Our – Community/Economic – Development/Documents/2014_economic_impact_report_martin. pdf.

②　Olaf Merk, "The Competitiveness of Global Port – Cities: Synthesis Report", OECD, p. 26.

③　Ministry of Shipping of the Government of India, *Sagarmala: Building Gateways of Growth*, National Perspective Plan, April 2016, p. i.

增长的有力催化剂。进出口贸易可以通过具有成本效益和及时物流而变得更具竞争力。沿海和内陆水路运输节能、环保并且降低了国内货运的物流成本。但是,印度的海岸线和河流网络一直处于低利用状态。尽管成本很低,但水运在印度仅占货运总量的6%。工业发展还没有充分利用靠近海岸的高效供应链的结构优势。与发达国家相比,物流成本占印度非服务业国内生产总值的很大一部分。印度的进出口集装箱在生产中心和港口之间的距离为700—1000千米。各种物流模式之间缺乏无缝连接,复杂的程序导致运输时间的高度不确定性。因此,在印度集装箱的出口从内地到运输船需要7天到17天,而在中国集装箱的出口从内地到运输船所需时间为6天。[1]运输时间的不确定性对贸易产生负面影响,因为出口商没办法就严格的交货时间进行承诺,而且在交货之前所需时间越长,出口商需要承担的运营资金就越多。

公路、铁路与港口的连接并没有与港口发展同步进行,导致因为连接瓶颈而出现新港口虽然具有现代化设施却未能得到充分利用的情况。例如,阻碍马哈拉施特拉邦南部非主要港口利用的因素之一是工业中心和港口之间的连接不足。通过西高止山脉的公路和铁路连接不足限制了卡纳塔克邦北部的发展。产业集群和工业区的选址、总体规划没有充分考虑是否与港口邻近这一因素,港口土地本身没有充分地用于建立工业和制造业。原材料往往要经过很长的距离从沿海运到内地,然后再将制成品从内地运回沿海用来出口。与其他出口国相比,这降低了印度出口产品在国际市场上的竞争力。另外,印度港口往往很小,效率低下,其吃水程度限制了大型船舶的进入。因此,没有印度港口跻身全球前20名。[2]

---

① Ministry of Shipping of the Government of India, *Sagarmala*: *Building Gateways of Growth*, National Perspective Plan, April 2016, p. i.

② World Shipping Council, "Top 50 World Container Ports", http://www.worldshipping.org/about - the - industry/global - trade/top - 50 - world - container - ports.

（二）　萨加马拉计划的提出

萨加马拉计划由印度政府构想，旨在全面应对挑战，抓住港口主导型发展的机遇。该计划旨在通过利用印度的海岸线与河流网络的潜力加速该国的经济发展。2003 年，时任总理瓦杰帕伊提出该计划；2014 年，总理莫迪宣布该计划；[①] 2015 年 3 月，联盟内阁批准了该计划。萨加马拉计划的愿景是以最少的基础设施投资降低国内和进出口货物的物流成本。为实现萨加马拉计划所做的研究已经找到了降低整体物流成本从而提高整体经济效率并增加出口竞争力的机会。多模式的物流优化模型已经被设计出来，用以确定进出口或国内货运过程中港口运输的最优模式。根据这些研究，萨加马拉计划可以大大降低进出口和国内货物的物流成本。其中一些是直接节约的成本，而另一些则是由于货物运输时间减少和可变性降低而导致的存货处理成本的节省。为了实现降低物流成本的总目标，萨加马拉计划已经确定了四个主要策略。

（三）　萨加马拉计划的主要策略

萨加马拉计划主要包括四个主要策略。首先，通过优化模式组合来降低运输国内货物的成本。通过海运或内陆水路运输货物的成本比通过公路或铁路运输要低得多。但是印度沿海航运和内河航运的模式份额依然偏低，印度的一些生产和需求中心靠近海岸线和河流，但水路利用不足。在这些中心之间使用沿海和内陆水道而不是铁路或公路运送原材料和成品的潜力巨大。其次，通过将未来的工业能力设置在海岸附近来降低大宗商品的物流成本。对于大宗原材料、中间产品构成销售成本重要组成部分的行业来说，未来将其厂

---

① "PM Narendra Modi Announces Sagarmala Project for Development of Ports", August 16, 2014, http：//www. firstpost. com/india/pm – narendra – modi – announces – sagarmala – project – development – ports – 1667263. html.

址设在沿海或靠近沿海的地区是高效供应链设计的一个杠杆。这些行业包括炼油、电力、水泥、钢铁等。未来的产能可以在靠近终端市场或靠近原材料来源的具有竞争力的沿海地区开发。这可以降低总体物流成本，最终降低产品的成本。再次，优化进出口集装箱的时间和成本。印度进出口集装箱的总成本明显高于其他国家，运输时间差异很大，这使得出口商难以对集装箱物流进行计划，并就货物运抵时间对客户进行承诺。运输时间长导致供应链上的库存水平更高。集装箱运输不理想的根本原因包括：模式组合欠佳，公路运输所占交通份额过大；海关边境手续繁琐耗时；港口、公路和内陆集装箱仓储的基础设施瓶颈导致总体运输速度降低。解决这些问题，优化运输出口集装箱的时间和成本将提高出口竞争力。最后，通过发展邻近港口的离散制造业①集群来提高出口竞争力。国际经验表明，印度可以利用出口导向或进口替代的离散制造业来创造沿海地区的经济活动。印度政府已经确定了港口制造业或临港制造业的重点领域，电子、家具、汽车、服装、皮革和鞋类以及食品加工被确定为六个具有很高潜力的行业。这些行业在价值重量比和时间敏感性方面可能与港口有着很强的联系。

　　港口主导型发展是萨加马拉计划愿景的核心。港口主导型发展侧重于物流密集型行业。在物流密集型行业中，要么运输占成本的比例较高，要么物流及时是成功的关键因素。如果靠近海岸或水道发展，这些行业就会具有更强的竞争力。但这需要与高效和现代化的港口基础设施和与港口的无缝多模式连接的支持。毗邻地区的人口需要有足够熟练的技能才可以参与由此带来的经济机会。物流密集型产业、高效的港口、无缝连接和必备的技能被视为萨加马拉计划的四大支柱。

---

　　① 离散制造的产品往往由多个零件经过一系列并不连续的工序加工装配而成。加工此类产品的企业可以称为离散制造型企业。例如火箭、飞机、武器装备、船舶、电子设备、机床、汽车等制造业，都属于离散制造型企业。

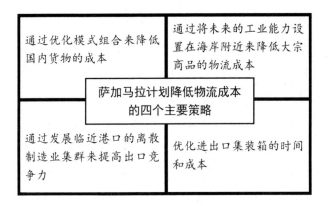

图4-1　萨加马拉计划降低物流成本的四个主要策略

四、港口现代化

港口是重要的联运单位，是海陆两地的交汇点。印度港口货运量的增长主要来自于大宗商品的海洋运输。为了应对未来日益增长的交通压力，加强能力成为必需。

（一）港口吞吐量规划方面的挑战

印度的港口一般都很小，大多数港口缺乏处理最大船只——好望角型船①所需的吃水。停靠印度港口集装箱船的平均大小约为5000个标准箱单位。印度最大集装箱港口——尼赫鲁港的吃水是14米，而好望角型船所需吃水为18米以上。由于印度港口处理大型船只的基础设施欠缺，大约25%的集装箱货物需要通过国际中转港口转运。印度港口平均周转时间为4.5天，而相比之下中国仅为1天，

---

①　好望角型船，原本是指那些因为太大所以无法通过苏伊士运河的干货船，当它们需要穿越大洋时这些船只就必须通过好望角或者合恩角，所以被称为好望角型。

这主要是因为港口机械化程度低与吃水不足以及受到内地连接基础设施的限制。① 在性能参数上落后于其他国家，抬高了贸易成本并使印度港口的竞争力下降。航运业正在朝向好望角型船发展，而在印度只有少数港口能够处理此类船只，所以印度在其主要港口增强此类船只的处理能力对于确保贸易的规模经济是非常重要的。

另外，在港口能力提升方面，印度需要更具协调性的方法。印度港口管理呈现二元结构，中央政府控制主要港口，而非主要港口则由各沿海邦控制。港口能力建设方面缺乏战略协调导致能力的地理扭曲，使得一些地区能力显著过剩，而另一些地区则能力较低。一方面，泰米尔纳德邦北部和安得拉邦南部已经显著增强了集装箱吞吐能力，其中主要港口有金奈和恩诺尔，非主要港口有克里斯纳帕特南和卡托马利。另一方面，马哈拉施特拉邦的集装箱处理能力缺乏，导致尼赫鲁港已满负荷运行。为了满足未来不断增加的交通需求，印度政府致力于通过以下方式扩充港口的吞吐能力：通过提高现有码头的效率增加吞吐量；在现有港口通过机械化和建设新码头来提高运力；建设新的绿地港口。作为萨加马拉计划的一部分，印度政府已经为其12个主要港口制定了详细的总体规划。

（二）提高港口效率

印度在提高港口效率方面所要采取的举措主要包括三个方面：利用现有基础设施提高生产力；升级泊位设备；使港口能够处理更大的船只。与最佳的基准相比，大多数主要港口的泊位的生产力水平都很低。为改进现有的基础设施，需要制定与生产力相关的政策和举措。在泊位设备升级方面，萨加马拉计划对港口设备进行了详细的研究，如移动的港口起重机和翻斗车等。有的泊位设备老旧，能力严重受限。由于维护不当，这些设备大部分都被严重降级。一

---

① Ministry of Shipping of the Government of India, *Sagarmala: Building Gateways of Growth*, National Perspective Plan, April 2016, p. 60.

些港口迫切需要更强的设备来取代现有的旧设备。经过研究，萨加马拉计划对设备升级提出要求：在散货处理码头安装 20 个新的移动港口起重机；在集装箱码头安装 14 个橡胶轮胎门式起重机；集装箱港口的闸门自动化，以减少处理时间；在传统的处理码头增加 200 多个翻斗车；增加管道能力，有效利用液体泊位等。[1] 在使港口能够处理更大的船只方面，印度将对恩诺尔港和帕拉迪布港的吃水程度进行加深，从 16 米增加到 18 米。[2]

五、改善港口连通性

港口连通性是萨加马拉计划港口主导型发展模式的第二大支柱。它致力于为进出口货物和国内货物进出港口提供最佳方式。例如铁路、公路、内河航运、近海和管道构成的运输网络使得鹿特丹港成为与欧洲其他地区最佳的连接点，前往大多数目的地的运输时间都不超过 24 小时。正是其卓越的连通性使得鹿特丹港成为欧洲最大的海港。

（一）印度港口连通性所面临的挑战

使港口具有足够的连通性是印度面临的一个挑战。即使拥有世界一流设备的现代化港口，由于其连通性差，也可能导致周转时间的拖延。印度港口连通性所面临的主要挑战是国内水路利用不足，关键路线铁路基础设施受到严重制约，集装箱货运模式组合不理想，通过西高止山脉与西海岸港口的连接不足等。

---

① Ministry of Shipping of the Government of India, *Sagarmala*: *Building Gateways of Growth*, National Perspective Plan, April 2016, p. 72.

② Ministry of Shipping of the Government of India, *Sagarmala*: *Building Gateways of Growth*, National Perspective Plan, April 2016, p. 73.

1. 水路利用不足

在全球范围内，水路被认为是具有成本效益并且环保的运输方式。例如，沿海运输煤炭的成本明显低于通过铁路进行运输的成本。印度有约 7500 千米的海岸线和 14500 千米的通航河流。尽管如此，通过国内水路运输的货物在印度是微不足道的。与美国、中国和欧盟相比，水路运输在印度的利用率很低。例如长江系统是中国内河航道最发达的航运系统之一，拥有 13 条水道和 92 个港口，长江流域的 GDP 占全国总量的 20%。① 同样在印度，国家水道 1、国家水道 2、国家水道 4 和国家水道 5 也可以在货物运输中发挥重要作用。

2. 关键路线铁路基础设施的瓶颈

铁路是往返于港口的散货运输的主要方式。印度国内煤炭运输总量的近 60% 通过铁路进行。然而，长期的基础设施投资不足导致铁路运力无法跟上需求，特别是在干线上。例如从塔尔切尔煤田到帕拉迪布港的铁路线受到高度限制，无法处理来自煤炭运输的需求。虽然煤炭生产主要集中在印度的东部和中部地区，但是它几乎被运到全国各地用于发电。煤炭产量目前每年增长 6%—7%，但运输基础设施年均增长率为 3.5%。这导致拥堵停留时间长，平均速度仅为 25 千米/小时。在印度有超过 90% 的煤炭运输铁路运行利用率超过 100%。机车车辆严重短缺导致港口煤炭积压，从而造成港口生产率下降，库存成本增加。德里—孟买铁路线是该国最重要的集装箱货运走廊。该路线又称为"西部走廊"，服务于从北部地区（即德里国家首都区、旁遮普邦和哈里亚纳邦）主要制造中心到孟买和蒙德拉港的集装箱货物运输。这是该国最繁忙和最拥挤的客运路线之一，运力利用率在 115%—150% 之间。印度铁路的政策传统上以乘客为中心，货物是第二优先。货运列车在铁路轨道交通方面享有第七优

---

① Ministry of Shipping of the Government of India, *Sagarmala*: *Building Gateways of Growth*, National Perspective Plan, April 2016, p. 130.

先，这进一步减缓了重要干线上已经拥挤的交通。①

3. 通过西高止山脉连接到西海岸港口

印度西海岸与西高止山脉平行。西高止山脉陡峭，造成了施工技术上的挑战，增加了项目成本。该地区丰富但脆弱的生态构成了严峻的环境挑战。这些挑战特别影响了两个港口，即莫尔穆加奥港和新芒格洛尔港以及卡纳塔克邦北部的潜在港口。这些港口由于缺乏与其天然腹地，特别是位于西高止山脉东部的发电厂和钢铁集团之间适当的公路和铁路连接而受到严重限制。城堡岩—库勒姆是印度最具挑战性的铁路线之一，有 16 条狭窄的隧道和约 15 座桥梁。目前，如果一列旅客列车从城堡岩往库勒姆（下坡）行使，本路段不允许其他货物列车行驶。②

4. 集装箱货运的次优模式组合

尽管铁路成本经济性优越，公路仍是印度运输集装箱的主要方式。在印度，运往港口的集装箱总量中，只有不到 25% 是通过铁路运输。在八个处理集装箱的主要港口中，只有两个港口（蒙德拉港和皮帕瓦沃港）具有可观的铁路系数（分别为 40% 和 70%），而维沙卡帕特南港和哈兹拉港严重依赖公路。该国最高的集装箱量是在北部地区。目前运输的 370 万吨集装箱货物中，只有 140 万吨是通过铁路运输，其余的通过公路运输。铁路不仅速度更快，而且由于其整合性的端到端物流而具有规模效益；公路集装箱运输则由私人运输商以当前不受管制的柴油价格运行。在印度，公路所占份额更大的原因之一是集装箱货运和客运之间的交叉补贴。这导致铁路运输集装箱的经济可行性下降。③

---

① Ministry of Shipping of the Government of India, *Sagarmala*: *Building Gateways of Growth*, National Perspective Plan, April 2016, pp. 136 – 137.

② Ministry of Shipping of the Government of India, *Sagarmala*: *Building Gateways of Growth*, National Perspective Plan, April 2016, pp. 138 – 139.

③ Ministry of Shipping of the Government of India, *Sagarmala*: *Building Gateways of Growth*, National Perspective Plan, April 2016, pp. 139 – 141.

（二） 模式智慧型项目

为了应对上述挑战，印度萨加马拉计划对港口运输各模式进行了详细的研究，以提出详细的模式、明确的项目和措施清单。

1. 管道

管道是液体货物进出港口的主要运输工具。从广义上讲，这可以分解为原油（进口供炼油厂用）和产品（从炼油厂运往内地）两部分。印度目前每年约消耗 2.27 亿吨原油，其中 1.89 亿吨来自进口，0.38 亿吨来自国内生产。进口产品由 7 个港口集群来处理——古吉拉特、帕拉迪布、新芒格洛尔、孟买、金奈、科钦、维沙卡帕特南，其中古吉拉特集群处理原油进口总量的 65% 左右。在古吉拉特集群卸下的原油约有 34% 通过管道输送到内陆的炼油厂。目前大部分原油管道的利用率都在 90% 以上，任何扩大现有炼油厂的计划都需要考虑相关管道输送能力的增加。炼油厂依靠管道网络进行产品的国内运输，因为通过管道运输产品的成本大约为每千米每吨0.14—0.18 卢比，而铁路则约为 1.2 卢比。印度有大约 1.2 万千米的产品管线，总输送能力约为每年 8600 万吨。印度石油公司已经提出要建设从帕拉迪布到海得拉巴的新产品管道线。[①]

2. 水路

印度拥有河流、运河、回水和小溪形式的广泛的内陆水道网络。总通航长度为 1.45 万千米，其中 5200 千米的河流和 4000 千米的运河可以供机动船使用。印度有 5 个公认的国家水道和 106 个其他水道。印度议会曾通过法案，要将这 106 个水道转为国家水道。国家水道 1 长达 1620 千米，是印度最长的水路航道，流经北方邦、比哈尔邦、恰尔肯德邦和西孟加拉邦。它于 1986 年 10 月被宣布为国家水道。该地区的主要机遇在于，国家水道 1 沿岸有 11 个主要的发电

---

① Ministry of Shipping of the Government of India, *Sagarmala*: *Building Gateways of Growth*, National Perspective Plan, April 2016, pp. 144 – 147.

厂以及在北方邦和西孟加拉邦的多个化学品和食品出口商。① 只要河流高沉积、整个水系保持 3 米的恒定吃水以及河流上通过大容量驳船等问题能够得到成功解决，从北方邦腹地到南印度和东印度各邦的动力煤和粮食，从北方邦到霍尔迪亚港或加尔各答港的汽车集装箱，从加尔各答港或霍尔迪亚港运往北方邦和比哈尔邦的进口钢材以及粉煤灰等副产品都可以通过此水道进行运输。其他方面的挑战还包括恒河沿岸垃圾倾倒率高，以及像在恒河这样的宗教河流上建造堰坝所面临的困难。此外，还可以在国家水道 1 附近开发轻工业制造集群。国家水道 5 沿莫哈讷迪河流经奥里萨邦和西孟加拉邦。塔尔切尔—帕拉迪布地区资源丰富，国家水道 5 靠近这一地区，为煤炭以及焦煤和铁矿石等其他商品提供了疏散的机会。国家水道 4 长达 1095 千米，通过克里希纳河和戈达瓦里河连接南印度的几个邦。它还通过白金汉运河连接泰米尔纳德邦。萨加马拉计划已经提出了两个阶段的项目开发，总成本为 1515 亿卢比。国家水道 2 是一条长达 891 千米的水路，将孟加拉国边界地区的杜布里与阿萨姆邦的萨迪亚连接起来，目前有 9 个固定码头和 1 个浮动码头。② 根据与孟加拉国政府达成的协议，中央内陆水务有限公司和其他印度船舶运营商正在通过孟加拉国使用内河水运设施在阿萨姆邦和加尔各答地区之间通行货运船舶。这条水路有可能迎合印度东北地区的交通需求，缓解已经拥挤的西里古里走廊的压力。东北的货物不是通过公路或铁路运输，而是通过雅鲁藏布江河流进入孟加拉国及其吉大港，从那里出口或沿海运输到印度其他邦。通过这条线路，包括粮食和化肥在内的几种基本商品可以更有效地运输。这个地区的出口产品，如手工艺品、香料和橡胶也可以用这条水路出口。

---

① Ministry of Shipping of the Government of India, *Sagarmala*: *Building Gateways of Growth*, National Perspective Plan, April 2016, p. 148.

② Ministry of Shipping of the Government of India, *Sagarmala*: *Building Gateways of Growth*, National Perspective Plan, April 2016, pp. 149 – 151.

3. 铁路

铁路是印度货物运输的主要支柱，通过其运输的主要商品包括动力煤、炼焦煤、铁矿石、钢铁以及北方腹地的进出口集装箱。铁路网络的增长已经跟不上经济和货运的增长速度，给现有的铁路网络带来压力，造成了很多瓶颈。铁路基础设施需要大幅增加的两个地区是奥里萨邦和切蒂斯格尔邦的资源丰富地区（大宗货物运输）以及位于西高止山脉以东的卡纳塔克邦北部和马哈拉施特拉邦南部。由于大部分动力煤接收厂位于安得拉邦、泰米尔纳德邦和古吉拉特邦沿海地区且靠近港口，因此在连通项目中印度将更加重视加强从矿井到港口的供应侧连接。目前印度的铁路网络已经拥挤不堪，由于诸如"印度制造计划"所导致的增长和钢铁产量的预期增长，铁路网络可能无法满足货运量的要求。超过90%的炼焦煤运输相关的铁路线路，其运输利用率超过100%，[①] 这导致了将炼焦煤从港口运送到工厂的时间延迟。考虑到这些因素，需要在多条线路上增加运力，以解决该国东部的港口疏散问题。另外，货运列车在铁路网上运输缓慢的一个主要原因是货运通行在轨道上的权重是最低的。由于货运是铁路最大的收入来源之一，因此货运在铁路运输中应被给予更大的权重。

4. 公路

当与港口的距离为500—1000千米时，与铁路相比，公路更为经济。而且对最终的出口商和进口商来说公路运输是便利的，因为它提供门口交付而不需要额外的处理。但高速公路的现状与需求并不一致，另外印度海岸线没有沿海公路网。萨加马拉计划提出的公路干预措施包括将10条高速公路作为货运友好型高速公路进行发展、"最后一英里"连接和巴拉特马拉计划。除集装箱外，所有其他类型的货物主要利用公路进行第一和"最后一英里"的运输。作为

---

① Ministry of Shipping of the Government of India, *Sagarmala: Building Gateways of Growth*, National Perspective Plan, April 2016, p. 156.

萨加马拉计划研究的一部分，约有 45 个项目被确定为主要货物类型的"最后一英里"连接路线。[①] 除此之外，印度政府还在 2015 年 4 月宣布了一项政府计划——巴拉特马拉计划，用于在马哈拉施特拉邦到孟加拉沿印度边界和沿海各邦修建公路。[②] 巴拉特马拉计划最终将与萨加马拉计划连接，以实现通过公路连接腹地和沿海地区的目的。

六、港口主导型工业化以支持"印度制造"

港口主导型工业化是港口主导型发展模式的第三支柱。港口在降低物流成本方面发挥着重要的作用，并通过减少出口时间和可变性来促进出口导向型制造业。一些拥有大量海岸线的国家利用港口促进了其工业化进程。萨加马拉计划提出了港口主导型工业化的综合计划，将具有港口联系的特定行业的增长潜力与每个行业具有竞争优势的地点相结合。这些地点的选择与该地区的主要和非主要港口密切相关，这些港口可以促进货物从制造地点的运输。萨加马拉计划在海运方式适用于原材料进口或成品出口的基础上，确定了覆盖能源、材料、离散制造的 12 个主要行业。为了降低整体物流成本，各个行业具有竞争优势的地点也被挑选出来。影响竞争力的其他生产要素，如原材料和技能的获取、支持性的基础设施和现有的产业集聚也影响了选址。现有的和拟建的可以最好地为拟议的工业地点提供服务的港口也已经被划定出来。通过"沿海经济区"的概念，主要和非主要港口、工业单位和疏散基础设施在地区层面上联成一个单一的系统。港口主导型工业化计划将通过"沿海经济区"

---

① Ministry of Shipping of the Government of India, *Sagarmala*: *Building Gateways of Growth*, National Perspective Plan, April 2016, pp. 174 – 180.

② "What is Bharatmala Project?", *The Indian Express*, http://indianexpress. com/article/what – is/what – is – bharatmala – project – 4907128/.

来实现，"沿海经济区"将成为印度沿海发展的重点。印度已经确定了14个"沿海经济区"，每个沿海邦有一个或多个。这些"沿海经济区"已经在地图上被标注出来，而且与每个"沿海经济区"具有相关性的产业集群也被提了出来。"沿海经济区"内的产业集群属于能源、材料和离散制造三大类型之一。在每一个类型中，潜在的逻辑是，如果位于靠近港口的地方，水路运输的较低成本可以增加制造业的竞争力。

（一）能源产业

印度的能源需求预计将从2015年的7.73亿吨石油当量增长到2025年的12亿吨石油当量。预计煤炭、石油和天然气将继续处于能源供应结构的核心，煤炭占46%—48%，石油和天然气加在一起占36%—38%。为了满足印度预计的长期能源需求，萨加马拉计划的研究认为，到2025年可以开发三个沿海能源集群和一到两个沿海炼油厂集群。此外还有三到四个石化产业集群的潜力，目标是通过国内石化生产减少进口依赖。[①]

1. 石油和天然气

印度目前的炼油能力约为每年2.19亿吨。随着已经宣布的炼油扩建项目，预计到2025年产能将增至每年2.8亿吨。其中3000万吨专门用于沿海经济区的出口，因此只有2.5亿吨可用于满足国内需求。预计石油产品需求将增长至每年2.7亿吨，造成汽油、高速柴油每年1500万—2000万吨的短缺。根据对汽油、高速柴油的流量分析，这一赤字主要集中在印度北方邦、马哈拉施特拉邦、泰米尔纳德邦和安得拉邦。古吉拉特邦和东部各邦将有新的盈余，可以服务北印度腹地的需求。南印度的一些地方也可以通过沿海运输得到满足。对于剩下的赤字，可能需要新建两个每年约1000万吨的沿海炼

---

① Ministry of Shipping of the Government of India, *Sagarmala*: *Building Gateways of Growth*, National Perspective Plan, April 2016, p. 190.

油厂来予以满足，西海岸和东海岸各有一个。它们可以发展为基于港口的能源和石化联合体。由于印度炼油厂加工的大部分原油都是通过港口进口的，因此优先考虑沿海地区设立新炼油厂将有助于降低物流成本。由于炼油厂生产的石脑油可用作石油化工生产的原料，因此沿海炼油厂也使得建立下游石化行业成为可能。[①]

2. 石化集群

印度石化产品的消费量在过去几年中一直保持在 6% 左右的增长速度。2006—2007 年度的需求为 2200 万吨，2013—2014 年度上升到约 3300 万吨。聚合物一直是这一需求的中流砥柱，占有 25% 的份额。石化需求与国内生产总值增长密切相关。如果印度的国内生产总值在未来 10 年增长率为 6%—7%，到 2025 年，石化产品的需求可能在每年 6000 万—7000 万吨之间。2013—2014 年，石油化工生产总装机容量约为每年 3300 万吨，印度在产能利用率达到 85% 左右的情况下，2013—2014 年度的石化产量约为 2800 万吨，比 2006—2007 年度的 2100 万吨有所增加。国内需求与石油化工生产之间差距的拉大，增加了印度对进口的依赖。从 2000 年的零贸易平衡看，2014 年石化产品的贸易净平衡为负，数值约为 460 万吨。[②] 很明显，印度可能需要大量增加产能，否则进口依赖度将进一步提高。

3. 火力发电厂

印度 2014—2015 年度的煤炭需求量约为每年 8.5 亿吨，主要来自燃煤发电厂，装机总容量超过 250 吉瓦，最高赤字约为 5%。如果电力改革取得成功并实现大规模电气化，那么由于"所有人 24×7 供电"，高峰需求可能会更高。尽管推动可再生能源发展，太阳能和风能项目计划新增大量的能源，但煤基火力发电厂仍可能继续满足

---

① Ministry of Shipping of the Government of India, *Sagarmala*: *Building Gateways of Growth*, National Perspective Plan, April 2016, pp. 190 – 191.

② Ministry of Shipping of the Government of India, *Sagarmala*: *Building Gateways of Growth*, National Perspective Plan, April 2016, pp. 192 – 194.

全国 70% 以上的电力需求。[1] 泰米尔纳德邦和马哈拉施特拉邦都是电力需求旺盛的工业邦。由于两个邦继续主导着该国的城市和工业前景,预计未来 10 年电力需求将保持稳定增长。在这些邦可能需要大幅度的产能扩张。井口工厂更为经济,因为电力输送比将动力煤从矿井运送到靠近需求中心的工厂更为便宜。但是也可以将煤运到各邦后再进行发电。预计东南煤田和马哈纳迪煤田将占煤炭产量增长的大部分。滨海电厂可以利用沿海对动力煤进行运输(从马哈纳迪煤炭有限公司)以大大降低物流成本,物流成本占发电成本的比例可能高达 30%。通过铁路—海洋—铁路路线对动力煤进行运输的成本比单纯通过铁路运输要低 40% 左右。[2] 位于沿海地区的发电厂从成本差异中获益最多,因为最后 1000 米运输的成本很小。泰米尔纳德邦的西尔卡利、安得拉邦中部的沃达雷武和马哈拉施特拉邦的瓦德海文可能是建设电力综合体以支持这几个邦电力需求的潜在地点。沿海电力综合体还具有获取水源的天然优势。

(二) 材料行业

虽然印度传统的能力建设模式一直接近腹地,但未来能力的一部分可以在沿海地区发展起来。沿海钢铁集群对下游行业(如造船业和汽车业)有倍增的影响。

1. 水泥集群

印度的水泥行业已经从 2004 年的 1.6 亿吨增至 2014 年的 3.62 亿吨。印度现在是全球第二大水泥生产国。虽然全球水泥市场正处于低迷状态,但预计到 2025 年,在国内生产总值以 7%—8% 速度增长的情况下,印度的水泥需求量将增至 7 亿—8 亿吨。1 吨水泥需要

---

① Ministry of Shipping of the Government of India, *Sagarmala*: *Building Gateways of Growth*, National Perspective Plan, April 2016, p. 194.

② Ministry of Shipping of the Government of India, *Sagarmala*: *Building Gateways of Growth*, National Perspective Plan, April 2016, pp. 194 – 195.

2 吨原料，到 2025 年，水泥行业运输的材料量可能达到 16 亿吨。物流占水泥成本的 25%—30%，因此物流效率对于使现有产能更具竞争力至关重要。在印度建立水泥产能的传统模式是靠近石灰石储备的内陆工厂。西孟加拉邦、喀拉拉邦、奥里萨邦、泰米尔纳德邦和马哈拉施特拉邦五个沿海邦的石灰石储量有限并正在下降。另一方面，安得拉邦、卡纳塔克邦和古吉拉特邦拥有可以支持未来能力发展的石灰石储量。[①]

2. 钢铁集群

在印度建立钢铁产能的传统模式是靠近铁矿石储量的内陆工厂。在目前每年 1. 03 亿吨的产能中，约 8500 万吨遵循这一模式。约每年 1600 万吨产能为沿海地区，其中 300 万吨靠近铁矿石储量，1300 万吨靠近需求中心。大型沿海钢铁集群的国际案例包括韩国的浦项，其受益于物流成本节约、采购原材料灵活性以及与全球市场的更好连接。韩国钢铁总产能的 75% 位于沿海地区。印度希望到 2025 年使其钢铁产能的 25%—30% 位于沿海地区，这可能需要建立约每年 4000 万吨的沿海产能。随着时间的推移，印度的沿海钢铁集群可以扩展到基于钢铁的制造业集群和其他辅助活动。物流成本是造船、汽车等产品整体成本的重要组成部分，而钢铁是这些下游产业的主要原材料。考虑到港口连通，这些行业最好是共处一地。[②]

3. 海洋集群

造船市场目前以中国、韩国和日本为主导，累计占世界造船能力的 90% 左右。中国和日本在散货船中占主导地位，而韩国在货柜船、油轮和气体运输船上占主导地位。造船业是一个周期性行业，目前正处于全球产能过剩的低迷时期。在 2011 年交货高峰之后，

---

① Ministry of Shipping of the Government of India, *Sagarmala: Building Gateways of Growth*, National Perspective Plan, April 2016, pp. 196 – 199.

② Ministry of Shipping of the Government of India, *Sagarmala: Building Gateways of Growth*, National Perspective Plan, April 2016, pp. 199 – 201.

2014 年行业产量下降，为 9120 万载重吨。然而，受到航运企业走向超大型船舶、拆除旧船队和全球出口增长的驱动，预计长期需求强劲。预计到 2025 年这个需求将达到约 1.5 亿载重吨，到 2035 年将达到 3 亿载重吨。印度目前仅占全球造船市场的约 0.45%。钻井或生产平台和挖泥船是印度的主要出口产品，印度造船业的 60% 以上是面向新加坡和阿联酋的实体。印度造船厂有能力建造小型船或特种船，可以专注于建造长度不超过 80 米的专业船和沿海船舶（如海上供应船和锚处理拖船等）。萨加马拉计划将古吉拉特邦和泰米尔纳德邦视为开发海洋集群的两个潜在地点。①

4. 汽车集群

全球两轮车、商用车和载客汽车产量在 2013 年达到 2.5 万亿美元。德国是最大的出口国，其次是日本、美国、墨西哥、韩国、加拿大和英国。印度占全球汽车产量的 3%，占全球出口份额的 1%。印度出口占其总产量的 12%。2005—2015 年，印度汽车工业的增长率约为 9.6%，而出口则增长了 18.9%。2014—2015 年，印度共生产汽车 2340 万辆，服务内需 1980 万辆，出口 260 万辆。南非、斯里兰卡、尼日利亚、孟加拉国、英国和阿尔及利亚是从印度进口汽车最多的国家。印度有五个重要且出口量很大的汽车集群：北部地区、萨纳恩德、金奈/霍苏尔、普纳/金杰沃德/加拉岗和贾姆谢德布尔/苏拉杰普尔。印度在该行业的出口愿景是在 2026 年前将出口量提高到 1000 万辆左右，并借此创造 450 亿美元的外汇、200 万个与出口相关的新就业岗位、吸引行业新增投资 150 亿美元。②

（三） 离散制造

一些国家利用出口导向、进口替代的离散制造来弥补贸易赤字。

---

① Ministry of Shipping of the Government of India, *Sagarmala*: *Building Gateways of Growth*, National Perspective Plan, April 2016, pp. 204 – 209.

② Ministry of Shipping of the Government of India, *Sagarmala*: *Building Gateways of Growth*, National Perspective Plan, April 2016, pp. 210 – 214.

印度政府的"印度制造"计划致力于促进印度的离散制造业。基于港口或靠近港口的制造业可以在支持这一倡议方面发挥关键作用，萨加马拉计划的研究确定了基于港口或靠近港口制造业具有高潜力的部门。通过包括 5 个维度和 8 个参数的过滤标准对总共 29 个可能的部门进行评估，电子、家具、汽车、服装、皮革和鞋类以及食品加工等 6 个行业显现出巨大的潜力。

1. 服装集群

印度在服装制造方面具有以原材料为基础的竞争优势。它是世界第三大棉花生产国。将棉花转化为纺织品然后转化为服装的下游活动是高度劳动密集型的。印度在亚洲出口中的份额一直停滞在 5% 左右。全球贸易流量分析显示，虽然中国已经巩固了自己的地位，但孟加拉国和越南正在成为出口导向型服装制造业的下一个"热点"。以港口为基础的制造业可以帮助该行业克服印度崛起为出口枢纽的两大关键障碍。首先是克服在交货时间方面的障碍。对于印度来说，物流交货时间比制造过程还要长，这造成了主要的不利因素。由于在短期和固定交货时间的要求下，公路、铁路和港口基础设施的不可靠性，印度服装出口的很大一部分是空运，这相当于海运物流成本的五倍。根据对服装"起点—终点"的分析，目前产量的近 60% 远离港口。其次是克服小规模经营的障碍。印度的服装制造业主要是小规模、独立的企业，无法与其他低成本国家竞争。印度有大约 11000 家服装生产企业，相比之下，虽然中国有 18000 家服装生产企业，但其所生产的服装比印度多 20 倍。建立以港口为基础的或靠近港口的制造业集群可以帮助解决这些问题，并显著提高印度服装制造业的竞争力。威尔士纺公司就是一个很好的例子，它在一个靠近港口的地点（距离印度最大的集装箱港口蒙德拉港 50 千米）建立了大规模的设施（占地约 3 平方千米、14000 名工人、自己的电力供应）。为了复制威尔士纺公司的成功模式，萨加马拉计划提出可以在印度建立三到四个"服装园"，将棉花产区与港口联系起来。对印度棉花生产地区的测绘显示了建立这些集群的三个可能的地点：

古吉拉特邦的索拉什特拉地区、安得拉邦中部、马哈拉施特拉邦的维达尔巴地区。[①]

2. 皮革和鞋类集群

在全球皮革业市场，中国是最大的生产国，美国是最大的消费国。皮革制品有四大类：鞋类、成品皮革、马鞍和马具、皮革服装和制品。鞋类及皮革服装和制品构成了皮革行业的主要份额。全球约65%的皮革用于生产皮鞋。中国皮革鞋类和其他皮革制品出口份额最大，其次是意大利。在生皮出口方面，意大利居首位，其次是美国和巴西。印度全国牲畜总数为5.12亿头，是该行业每年稳定供应皮革的来源。除了原材料外，印度在这个劳动密集型行业的劳动力方面也有天然优势。皮革及其制品行业共雇用了超过250万名印度人，主要为经济状况较弱的人口，其中30%是女性。2014年，印度出口了60亿美元左右的皮革及其相关产品。印度皮革制品出口排在前五位的目的地是美国（13.3%）、德国（12.8%）、英国（12.5%）、意大利（8.4%）、中国香港（7.4%）。印度出口量最大的皮革产品是鞋类，皮鞋在皮革产品出口总额中的占比为42%。在过去的几十年中，印度从生皮出口商发展成为高附加值产品的供应商，变化巨大。与中国和越南相比，印度皮革制品在国际市场上的成本较高，其原因包括：该行业大部分制造商因规模较小而缺乏竞争力；公用基础设施方面（电力、水利、道路和港口）欠发达；大部分皮革集群都在内陆，运输成本较高。在港口附近建立皮革集群可以降低产品出口和材料进口所涉及的运输成本。然而在印度，只有金奈皮革集团在利用港口。位于加尔各答附近班塔拉的皮革业相关综合设施可连接霍尔迪亚港；同样，在南方佩兰布尔可能会连接

---

① Ministry of Shipping of the Government of India, *Sagarmala: Building Gateways of Growth*, National Perspective Plan, April 2016, pp. 224 – 228.

到金奈或恩诺尔港,以减少运输和出口成本。[1]

3. 食品加工集群

据估计,2010 年全球食品加工业达到 32000 亿美元,主要分为肉类、海产品、水果和蔬菜、食用油、乳制品、粮食、即食食品和其他食品等八大类以及动物饲料。该行业占全球出口的7%左右。印度在全球出口中的份额约为 1.2%,糖果、食用油、乳制品、冷冻和腌制肉类,以及海产品占据最大份额。美国、孟加拉国和阿联酋是从印度进口粮食和农业相关产品的主要国家。美国、加拿大和比利时是印度海产品加工的主要进口国。小规模和无组织的加工厂占印度食品加工业总量的75%左右,而中小企业遍布全国。有组织的生产企业在安得拉邦、古吉拉特邦、马哈拉施特拉邦和北方邦所占份额最大。安得拉邦是水果、蔬菜和谷物加工的中心;古吉拉特邦是食用油和乳制品加工的中心;马哈拉施特拉邦主要加工水果、蔬菜、谷物;北方邦则拥有大多数类别的食品加工企业。尽管印度一直是食品的主要出口国,但食品加工在印度各种产品出口中所占份额很小。印度虽然资源丰富,但缺乏规模、技术落后、物流和供应链效率低下、基础设施缺乏等因素限制了食品加工业发展。由于大部分食品产品的易腐性,高效的物流特别重要,以此减少原材料和成品的运输时间。而运输成本也是印度处于劣势的重要因素,因此港口、基础设施和腹地连通对出口导向型货物极为重要。考虑到食品加工行业的出口导向,大型食品加工集群须以港口为基础,或与港口有充分的联系,可能的地点包括安得拉邦卡基纳达和马哈拉施特拉邦南部。[2]

4. 家具集群

从全球来看,家具是一种交易量很高的商品。在家具市场的所

---

[1]　Ministry of Shipping of the Government of India, *Sagarmala: Building Gateways of Growth*, National Perspective Plan, April 2016, pp. 229 – 234.

[2]　Ministry of Shipping of the Government of India, *Sagarmala: Building Gateways of Growth*, National Perspective Plan, April 2016, pp. 235 – 243.

有类别中，中国是一个主导力量，在全球出口中占有 40% 的份额。最大的进口国是美国（24%）和德国（10%）。印度的出口不到全球的 1%。印度是一个自给自足的市场，出口和进口都不到总体市场的 5%。小规模经营、对原材料的进口依赖性以及物流成本是限制印度家具在全球市场竞争力的主要因素。展望未来，开发出口型制造业的沿海集群似乎是合乎逻辑的。①

5. 电子集群

在亚洲，中国是电子产品的领先制造商，其次是马来西亚和越南。随着"印度制造"项目激励当地制造业，电子制造业有望在未来几年获得进一步发展。印度对电子产品的需求一直在增长，通信和广播设备以及消费电子产品占据了大部分的需求。然而，生产部门无法跟上需求，这导致 2015 年约有 65% 的印度国内需求通过进口满足。2014 年，印度进口的电子产品价值接近 400 亿美元。按目前的速度，到 2025 年，电子产品的进口量可能达到 850 亿—1000 亿美元。另外，印度还有一个巨大的且正在扩大的出口市场可以挖掘。2014 年亚洲电子产品出口总额达 1.9 万亿美元，过去 7 年以每年 5% 的速度增长。印度出口在亚洲的份额仅为 0.5%，但印度电子制造业有三个方面的竞争优势：强劲和不断增长的国内需求；已经成为电子设计中心，印度每年设计近 2000 个芯片，拥有超过 2 万名工程师在这个领域工作；新兴的下游装备业务中心，例如安得拉邦的斯里城正在成为手机组装业务的中心。印度专注于电子制造业的低附加值部分（装配业务）。印度国家电子政策（2012 年）提出了发展国内电子产业的愿景，营业额达到 4000 亿美元左右，吸引约 1000 亿美元的投资，创造约 2800 万个就业岗位。印度和竞争对手国家在一些非成本因素上的比较表明，印度在法律和监管环境方面表现不佳，在物流效率方面处于平均水平。电子制造业往往在各大洲拥有全球

---

① Ministry of Shipping of the Government of India, *Sagarmala*: *Building Gateways of Growth*, National Perspective Plan, April 2016, pp. 244 – 251.

供应链，靠近港口的地点可能是建立制造单位将其与全球供应链联系起来的关键成功因素。①

（四）沿海经济区

"沿海经济区"是在萨加马拉计划下引入的概念，是印度沿海地区发展的重点，其设想港口积极参与并为印度的经济发展做出贡献。沿海经济区是由一批沿海地区或与港口有强大连通性的地区组成的空间经济区域。每个沿海经济区都可能位于港口（现有和新建）的直接腹地，方圆 100 千米，国内市场规模巨大，出口潜力巨大。印度在沿海建设了 14 个沿海经济区，每个沿海邦都有一个或多个沿海经济区。这 14 个沿海经济区也是为了与规划的工业走廊发挥协同作用。印度政府已经规划了五个工业走廊项目：德里—孟买工业走廊、班加罗尔—孟买工业走廊、金奈—班加罗尔工业走廊、维萨卡帕特南—金奈工业走廊和阿姆利则—加尔各答工业走廊提供制造业和工业化的推力。工业可以沿着走廊选定的节点开发，充分利用其在原材料、劳动力、连通性和基础设施方面的内在优势。这些走廊可以促进政府在制造业部门对"印度制造"的推动。所有 14 个沿海经济区都受到主要或非主要港口的影响。据设想，三个或四个沿海经济区可以作为早期的试点，其他的沿海经济区从中学习。②

第三节　南非蓝色经济开发

南非是南部非洲乃至整个非洲大陆的区域性大国，在非洲联盟

---

① Ministry of Shipping of the Government of India, *Sagarmala*: *Building Gateways of Growth*, National Perspective Plan, April 2016, pp. 252 – 258.

② Ministry of Shipping of the Government of India, *Sagarmala*: *Building Gateways of Growth*, National Perspective Plan, April 2016, pp. 259 – 262.

中扮演着重要角色。

一、南非蓝色经济概况

南非具有发展蓝色经济得天独厚的优越条件，其三面临海，地处关键航运要道，海岸线长约 3900 千米（包括爱德华王子岛和马里恩岛），领海面积约 7.4 万平方千米，专属经济区约 150 万平方千米，大陆架面积超过 16 万平方千米。首先，南非发展海洋渔业的条件优越。气候、洋流等综合因素使该地区海域成为世界主要渔场之一，渔业资源富饶，种群数量可观，且商业捕捞价值较高。其次，南非海域蕴藏着丰富的油气资源。有关数据显示，南非沿海及毗邻水域拥有约 90 亿桶石油资源，相当于南非 40 年的石油消费量；有约 1.7 万亿立方米的天然气资源，相当于南非 375 年的天然气消费量。早在 1968 年，南非即开始进行海洋油气勘探，但至今海洋油气资源未得到充分开发。西开普省 80 座钻井平台中每年仅有 4 座维持运营。[①] 2019 年，道达尔公司在南非海岸线 175 千米外发现深水油田，估计储量 10 亿桶。再次，南非地处东西海洋运输的咽喉位置，区位优势十分明显。每年约有 3 万艘船只经过南非水域，其中约 1.3 万艘船只停靠南非港口，年货物吞吐量高达 3 亿吨。此外，随着该地区油气开发活动的增多，包括船舶和钻塔维修、翻新，以及造船在内的海洋制造业，也将迎来黄金发展期。[②] 南非良港众多，理查德湾港是世界最大的煤炭港口之一，德班港是非洲最大的集装箱港口，良好的基础设施使南非成为南部非洲航运物流中心，该国 96% 以上的进出口通过海运完成。尽管港口吞吐量较大，但南非港口主要提

① Department of Environmental Affairs, "Report by President Jacob Zuma to Media and Stakeholders on Operation Phakisa Implementation", https：//www. environment. gov. za/speech/presidentzuma_operationphakisa.

② "南非发展'蓝色经济'前景可期"，国家统计局网站，2015 年 6 月 12 日，http：//www. stats. gov. cn/wzgl/ywsd/201507/t20150703_1205362. html。

供装卸等传统服务，现代海洋服务功能缺失，[①] 收益并不高。南非没有本国货运船队，据南非海事安全局数据，目前仅有 5 艘船在南非登记注册。[②] 尽管每年有 1.3 万多艘船只停靠南非，但只有不足 5% 的船舶在南非维修，南非修船仅占全球市场份额的不足 1%。[③]

二、南非蓝色经济开发政策

为挖掘蓝色经济潜力，南非于 2014 年出台了名为"帕基萨行动"的蓝色经济发展战略，将海洋运输和制造业、沿海油气资源开发、水产养殖及海洋保护和治理作为重点领域，制订了 47 项详细计划。其中，海洋运输和制造业行动计划有 18 项，包括建立国家航运公司、提高港口的船舶维修能力、在船舶建造中更多使用本地部件等；沿海油气资源开发行动计划有 11 项，其中 10 项在 2019 年前实施，主要包括 10 年内钻探 30 口勘探井，在未来 20 年内日产 37 万桶油气等；水产养殖行动计划有 8 项，其目标是通过发展水产养殖来促进农村，特别是边缘化沿海地区的发展；海洋保护和治理行动计划有 10 项，主要是通过立法、制定和实施综合海洋治理框架等来保护海洋环境免受非法活动伤害。[④] 根据"帕基萨行动"，到 2033 年，该国蓝色经济产值将提高到 1770 亿兰特（102 亿美元），创造 80 万至 100 万个直接就业机会。截至 2018 年 11 月，"帕基萨行动"已从

---

① 王文松、朱天彤等："中国南非海洋经济合作前景评析"，《开发性金融研究》，2017 年第 1 期，第 80 页。

② SABBEX, "SAMSA Boss Welcomes 'The Big Five' at Sea—A South African Flagged Fleet", http：//boatingsouthafrica. co. za/2019/07/05/samsa - boss - welcomes - the - big - five - at - sea - a - south - african - flagged - fleet.

③ Thean Potgieter, "Oceans Economy, Blue Economy, and Security：Notes on the South African Potential and Developments", *Journal of the Indian Ocean Region*, Vol. 14, No. 1, 2018, p. 7.

④ Government Communication and Information System, "Operation Phakisa for the Oceans Economy", http：//www. gcis. gov. za/insight - newsletter - issue - 24.

政府和私营部门获得 287 亿兰特（20 亿美元）投资，主要投向港口等海洋基础设施建设、以造船业为代表的海洋制造业，以及水产养殖、海洋石油和天然气勘探等领域，已创造直接和间接就业岗位约 43.8 万个。[①]

三、中国与南非蓝色经济开发合作

中国因素在南非的蓝色经济战略中也发挥了重要作用。早在 2013 年，中国就与南非共同签署了《海洋与海岸带领域合作谅解备忘录》。该备忘录是中国与非洲国家签署的首个政府间海洋领域合作文件，为中南两国海洋领域合作奠定了坚实的法律基础。根据该备忘录，双方将进一步加强在海洋和海岸带政策、海洋环境保护、海洋与海岸带综合管理、海岛保护与管理、海洋观测与预测、南极研究合作、海洋地质学与制图、海洋与海岸带科学研究、海洋卫星与遥感、海洋与海岸带信息资料交换以及发展蓝色经济等领域的合作，通过交流海洋领域最新成果、开展合作项目、人员交流、举办论坛和研讨会以及能力建设培训等活动，促进两国专家、学者、政府官员的交流，促进两国在海洋与海岸带管理领域的务实合作。2014 年 12 月，习近平主席与访华的祖马总统就两国开展科技园合作达成重要共识。2017 年 4 月，国务院副总理刘延东在比勒陀利亚出席中国南非科技园合作项目启动仪式。2020 年 12 月，在中国科技部、南非科创部、中国驻南非大使馆等各方领导见证下，中国南非跨境科技孵化合作线上启动仪式成功举办，为中国南非科技园合作开启新起点。中国南非跨境孵化器以西安联才工坊孵化器与南非创新港为载体，重点关注 5G、人工智能、医疗健康、新材料等技

---

① Government of South African, "South Africa participates in the Sustainable Blue Economy Conference in Kenya", https：//www. environment. gov. za/mediarelease/SAparticipatesinthesustainableblueeconomyconference.

术领域，打造联合研发、成果转化、市场推广、投资并购等业务的跨境服务体系，促进双方企业、机构及创新资源在双边市场落地和发展。中国与南非的科技合作也必将对蓝色经济开发合作产生积极影响。

第五章　印度洋东南亚地区
蓝色经济开发

东南亚地区横跨太平洋和印度洋，其中的泰国、马来西亚、新加坡和印尼是印度洋国家并且是环印联盟的成员国。对中国而言，作为近邻和海上丝绸之路途经地的东南亚地区具有战略重要性。一方面它是人类命运共同体实践的首选地区，另一方面该地区分布着海上丝绸之路的几个重要节点，事关中国海上能源和贸易交通线的安全。本章在讨论东南亚国家联盟（以下简称东盟）时涉及所有东南亚国家，在讨论具体国家和具体项目时则聚焦于印度洋部分。

第一节　印度洋东南亚地区蓝色经济概况

东南亚位于亚洲东南部，包括中南半岛和马来群岛两大部分。中南半岛因位于中国以南而得名，南部的细长部分叫马来半岛。马来群岛散布在太平洋和印度洋之间的广阔海域，分属印尼、马来西亚、东帝汶、文莱和菲律宾等国。东南亚地区共有 11 个国家：缅甸、泰国、柬埔寨、老挝、越南、菲律宾、马来西亚、新加坡、文莱、印尼、东帝汶。其中，仅东帝汶不是东盟成员。东南亚十一国中的泰国、马来西亚、新加坡和印尼是环印联盟的成员国，属于印度洋国家。

一、泰国蓝色经济概况

泰国水域的生物和非生物海洋资源约为 6857 亿美元。2015 年，泰国海洋经济总增加值为 1181.9 亿美元，生态系统服务价值达 360 亿美元。2018 年泰国 GDP 为 5050 亿美元，蓝色经济约占 28%。渔业是泰国海洋经济的重要组成部分，其中近 90% 的鱼类用于出口。这些行业为大约 65 万人提供了就业机会。[①] 在蓝碳资源覆盖的 2837 平方千米中，红树林、海草和珊瑚礁的分布面积分别为 2441 平方千米（86%）、205 平方千米（7.5%）和 191 平方千米（6.5%）。在泰国的海洋经济中，港口和航运的价值是最高的，其次是海洋旅游，以及近海石油和天然气。对于就业来说，沿海地区就业人数占全国总就业人数的 26%。在泰国 77 个府中有 23 个在沿海地区。因此海洋旅游是赴泰国旅游者的一个主要选择。由于养虾业的快速发展、海岸侵蚀、无管制的城市化，泰国正面临红树林覆盖率的迅速下降。相当大的海滩区域越来越多地被用于建造酒店和度假村以进行娱乐活动。另一个不可否认的问题是由于不断加剧的海洋酸化和海面温度升高导致珊瑚白化。此外，沿海旅游业及工业和家庭污水排放对海洋哺乳动物构成威胁。泰国蓝色经济的规划和实施战略于 2015 年以《海洋和沿海资源管理促进法》的形式颁布。资源保护和管理战略被重新制定，以使社区参与和生态治理在其中扮演更重要角色。海洋旅游和海洋运输被提升为蓝色经济概念中具有前途的组成部分。近几年来，泰国开展了新的研究项目，以确定红树林生态系统的经济价值，制定沿海省份蓝色经济发展战略，以及对蓝色经济资源进行区划。泰国还启动了红树林恢复计划、鱼类种群评估计划、低成

---

① THAI Department of Fisheries, "Marine Fisheries Management Plan of Thailand: A National Policy for Marine Fisheries Management 2015 – 2019", Bangkok: Department of Fisheries (DoF), Ministry of Agriculture and Cooperatives, 2015.

本废水处理计划、海上和沿海风力发电计划、生态旅游和低碳旅游目的地计划等。①

二、马来西亚蓝色经济概况

马来西亚多面环海，是东南亚地区典型的海洋国家。随着海洋在世界政治和经济发展中的重要性日益凸显，依托海洋资源和海洋产业链条进一步发展海洋经济，成为马来西亚实现国家经济发展与转型的重要内容。2019 年 3 月 27 日，在马来西亚全国海事会议上，总理马哈蒂尔评价了海洋对于马来西亚经济转型和国家未来发展的推动作用，认为马来西亚对海洋的依赖永远不可低估，海洋为国家带来了巨大的环境、社会和战略价值。② 目前，海洋油气资源已经成为马来西亚最大的单一出口商品，丰富的海洋油气资源开发为马来西亚带来巨大财富。2016 年，马来西亚油气资源收入一度占其财政收入的 20% 左右。③ 2016 年，马来西亚海洋运输总额为 1.48 万亿林吉特，占全国 98.4% 的贸易是通过海运完成的。海洋食品是马来西亚食物的主要来源之一，有 40 万户左右的家庭依靠捕鱼为生。④ 1963 年马来西亚建国后，并没有设立专门的海洋管理机构。1974 年，马来西亚国家石油公司成立，主要负责全国油气勘探、生产以

---

① Ranadhir Mukhopadhyay, Victor J. Loveson, Sridhar D. Iyer and P. K. Sudarsan, *Blue Economy of the Indian Ocean: Resource Economics, Strategic Vision, and Ethical Governance*, CRC Press, 2021.

② "PM: Malaysian Maritime Enforcement a Fragmented Affair; Needs More Coordination", *New Straits Times*, March 27, 2019, https://www.nst.com.my/news/nation/2019/03/473325/pm – malaysian – maritime – enforcement – fragmented – affair – needs – more.

③ "政权更迭带给马来西亚国油的'变数'"，中国石油网，2018 年 6 月 25 日，http://news.cnpc.com.cn/system/2018/06/25/001695210.shtml。

④ 邹新梅："马来西亚海洋经济发展：国家策略与制度建构"，《东南亚研究》，2020 年第 3 期，第 81 页。

及管理所有相关许可程序。目前，马来西亚国家石油公司是马来西亚唯一一家世界 500 强企业。马来西亚拥有世界上最大的液化天然气生产设施，截至 2018 年，马来西亚是世界第三大液化天然气的出口国。马来西亚主要从 20 世纪 80 年代后期开始全面重视海洋发展。一方面加强国家海洋发展的机构建设。1986 年马来西亚联邦内阁会议决定设置国家海洋委员会，负责规划和协调海洋事务。1999 年马来西亚海洋局成立。另一方面统筹和规划海洋产业的发展，加强海洋运输、贸易和港口建设，做好海洋资源保护。根据联合国贸易和发展会议的数据，马来西亚在航运线路连通性方面位居世界第五位，甚至领先于荷兰和美国。马来西亚第十二个五年计划（2021—2015）将海洋经济、海洋绿色技术以及海洋可再生能源等作为国家可持续发展的重要内容。虽然马来西亚政府提升了对海洋经济的重视程度，但遗憾的是，目前马来西亚政府还没有专门、全面的海洋经济发展战略，马来西亚的海洋优势没有得到充分发挥。①

三、新加坡蓝色经济概况

新加坡作为一个海岛型国家，经济发展与海洋有着密切的关系。新加坡位于马来半岛最南端，北面与马来半岛隔着宽仅为 1.2 千米的柔佛海峡，南面隔新加坡海峡与印尼相望，海峡长 105 千米、宽 1.7 千米，扼守马六甲海峡。全国由新加坡岛、裕廊岛、乌敏岛、德光岛、圣约翰岛和龟屿等 60 多个岛屿组成，海岸线全长 200 多千米。新加坡是世界著名港口航运中心、世界三大炼油中心之一、国际贸易中心和区域旅游中心，港口运输发达，与全球 600 多个港口通航，是世界第二大集装箱港，在浮式储油卸油装置、半潜式平台、自升式钻井平台的建造方面居世界领先地位。其临港工业发展迅速，

---

① 邹新梅："马来西亚海洋经济发展：国家策略与制度建构"，《东南亚研究》，2020 年第 3 期。

利用其优越的港口条件，成功吸引西方石油公司在此投资建厂。新加坡还是国际三大海事仲裁中心之一，拥有成熟的资本市场和良好的市场环境发展海事金融。新加坡海洋经济发展的特征之一是海洋产业集聚发展。新加坡海洋经济中，海洋工程业最具优势，形成了设计、建造、研发、法律服务、金融服务乃至教育、培训等全套产业链条。目前新加坡拥有超过 5000 家海事企业，20 家银行从事航运业务，7 家国际集团保赔俱乐部及超过 20 家领先的船舶经济公司。产业链各环节的上下游企业相互配合，不断聚集，共同发展，且每个产业链条上都集聚了大量国际领先的企业，同时带来了高素质海洋工程人才的集聚。这种集群效应使海洋工程产业获得极大的商业便利性，包括融资便利可得性；综合服务，如保险、法律、会计的便利可得性；接触客户的便利性；高素质员工的可得性等。这些便利性因素成为新加坡海洋工程产业成功的重要因素。新加坡海洋经济发展战略中值得注意的是其港城互动战略。港口城市，即以优良港口为窗口，以一定的腹地为依托，以较发达的港口经济为主导，连接陆地文明和海洋文明的城市。港口城市是一种特殊的城市类型，具有港口和城市的双重内涵，是港口和城市的有机结合体。以港兴城，以城促港，实现港城互动是许多港口发展的经验。新加坡的经济转型经历了转口贸易—进口替代—出口导向—技术密集型—知识型服务业五个阶段，产业不断转型升级，制造业从下游加工生产向上游的设计、创新等提升。与此同时，港口从单一的转口贸易向石化、物流等临港工业发展，港口的功能得到不断的扩展和提升。①

四、印尼蓝色经济概况

印尼海洋资源非常丰富，为世界上最大的群岛国家。印尼还是

---

① 张舒："新加坡海洋经济发展现状与展望"，《中国产经》，2018 年第 2 期。

全世界海洋生物最为多样化的国家，拥有大约8500种鱼类、555种海藻和950种珊瑚等海洋资源。[①] 印尼有着丰富的石油和天然气储量，其90%具有开发前景的油气盆地位于海洋区域：14个靠近海岸，另外40个位于近海地区。石油储量潜力约为113亿桶，天然气储量约为2.8万亿立方米。此外，苏门答腊西海岸和爪哇西南海域近年发现了天然气水合物和生物气储藏。[②] 渔业雇佣了大约700万人。此外，世界上约76%的珊瑚物种位于珊瑚三角区，印尼是该地区的主要合作伙伴。珊瑚礁旅游业每年的收入超过31亿美元。就沿海旅游而言，近44%是来自国外的游客。印尼的蓝色经济战略基于将各种海洋经济活动与保护生态系统和现有的社会文化制度相结合。2006年，印尼在第八届生物多样性会议上提出"区域珊瑚三角倡议"，与菲律宾、马来西亚、东帝汶、巴布亚新几内亚和所罗门群岛共同保护海洋环境。在2012年的里约会议上，印尼宣布了零碳排放和蓝色经济主流化的目标。随后，印尼与联合国粮食及农业组织合作，整合了其在金枪鱼捕捞、水产养殖、沿海旅游、盐业和珍珠养殖方面的战略。龙目岛蓝色经济实施计划预计每年将创造约7.5万个新工作岗位并产生约1.15亿美元的收入。2017年发布的国家海洋政策包括印尼蓝色经济路线图。然而，印尼的蓝色经济开发面临诸多挑战。例如，2017年印尼50%以上的野生鱼类种群遭到过度捕捞；海洋塑料垃圾导致旅游业每年损失1.4亿美元，渔业部门损失3100万美元。印尼落实蓝色经济战略的障碍包括缺乏理想的电网、加工和储存设施等基础设施网络。此外，政府也为出台足够的激励措施来帮助初创企业从事具有前景的蓝色经济活动。尽管近70%的海上贸易经过印尼（通过马六甲海峡和帝汶海峡），但由于港口、航

---

① "印尼海洋产业发展潜力巨大"，2013年10月9日，https://www.cnss.com.cn/html/hygc/20131009/117451.html。

② Nita Kuswardhani, Peeyush Soni and Ganesh P. Shivakoti, "Comparative Energy Input – output and Financial Analyses of Greenhouse and Open Field Vegetables Production in West Java, Indonesia", *Energy*, Vol. 53, 2013, pp. 83 – 92.

运和基础设施开发不足，从而导致巨额的收入损失。此外，该国正在努力解决海洋污染，过度捕捞，非法、不报告和不管制（IUU）捕捞和珊瑚礁退化等问题；仅 IUU 捕捞每年就造成 30 亿美元的损失。[①]

第二节　印度洋东南亚地区蓝色经济治理

东南亚地区组织化程度相对较高，除了东盟外也包括以东盟为主体的其他东亚合作机制。本节首先分析东南亚地区蓝色经济治理所面临的挑战，然后梳理东盟的主要海洋治理行动，最后讨论东盟海洋合作的"安全化"和"去安全化"趋势。

一、东南亚海洋治理所面临的主要挑战

东南亚是一个以海洋为主的地理区域，海域总面积为 750 多万平方千米。东南亚海域主要由南海、安达曼海以及马六甲海峡和巴林塘海峡等构成。这些海域与马来半岛、巽他群岛交错分布，使得海陆相间成为东南亚自然地貌的主要特征。这一特征给东盟国家带来机遇的同时也带来了挑战。首先，地理位置的战略重要性使东南亚海域成为大国竞逐的重点区域。一方面，东南亚海域地处亚洲与大洋洲、太平洋与印度洋的交汇处，是世界上最重要的海洋贸易通道之一，二战后亚太的崛起又赋予途经东南亚海域的商路以更重要的意涵；另一方面，东南亚海域是大国控制制海权的重要支点，掌

① Ranadhir Mukhopadhyay, Victor J. Loveson, Sridhar D. Iyer and P. K. Sudarsan, *Blue Economy of the Indian Ocean: Resource Economics, Strategic Vision, and Ethical Governance*, CRC Press, 2021, pp. 79–81.

控具有战略意义的狭窄航道（如马六甲海峡）是大国获得制海权的关键。由于本地区缺乏主导性国家，因而长期以来东南亚及其邻近海域一直是区域外大国竞逐的对象。其次，东南亚海域存在一系列海洋治理难题。东南亚海域地处世界上最繁忙的两条海洋航线的交汇处且地理环境十分复杂，这为海盗以及海上武装劫掠活动创造了有利的客观条件，而一些东盟国家长期存在的贫困问题则为海盗的滋生提供了社会土壤，其中南海海域、马六甲海峡和新加坡海峡是重灾区。此外，"9·11"事件后，东南亚地区的恐怖主义活动一度十分猖獗。印尼的"伊斯兰祈祷团"等恐怖主义组织频繁制造爆炸、绑架等活动。而且东南亚海域的海上恐怖主义活动与海盗活动出现合流的态势。另外，东南亚及其邻近海域自然灾害多发。面对复杂的地质、气候条件可能引发的自然灾害，如何开展有效的灾前预警和灾后救助是东盟在海洋治理中面临的又一大挑战。除此之外，公海走私和海洋污染等问题也困扰着东南亚国家。再次，东盟内部复杂的政治、经济状况严重制约着东盟海洋治理活动的展开。东盟成员国的发展极不均衡而且成员国间各种历史宿怨和现实利益冲突相互交织，这影响了东盟国家集体行动的开展。例如，仅马来西亚一国就同文莱、新加坡、印尼、越南等国之间存在海域划分或岛屿归属争端。[①]

二、东盟的主要海洋治理行动

近年来，东盟针对本地区所面临的主要海洋挑战，沿着一体化的路径展开了一系列区域海洋治理行动。

首先，对东南亚海域所面临的各类海洋问题进行专门治理。在打击海盗和海上武装劫掠方面，东盟经历了从次区域合作走向区域

---

① 王光厚、王媛："东盟与东南亚的海洋治理"，《国际论坛》，2017 年第1 期，第14—15 页。

合作的历程。1992 年马来西亚、新加坡和印尼三国达成了《联合防治海盗对策协议》，1998 年东盟正式将海盗纳入跨国犯罪范畴，2006 年东盟国家与中国等国签署了《地区反海盗合作协议》，2008年东盟成立了反海盗特别行动小组。在反恐方面，2001 年通过了《东盟联合反恐行动宣言》，2002 年通过了《关于恐怖主义的宣言》，2003 年建立了东南亚反恐中心，2007 年通过了具有法律约束力的《东盟反恐公约》，2009 年通过了《东盟反恐全面行动计划》。在应对各类突发自然灾害方面，2005 年通过了《东盟灾害管理与紧急应对协议》，2015 年发布了《制度化东盟、东盟共同体和东盟人民对灾害和气候变化抗御力宣言》。其次，构建和完善东南亚海洋治理机制。其主要成果是创设了东盟海事论坛及其扩大会议。目前这一机制还只是一个介于"第一轨道外交"和"第二轨道外交"之间的协商机制。再次，积极开展与区域外大国的海洋治理合作。东盟选择承认美国、日本和中国等大国在东南亚海域的利益关切，进而与诸大国在东南亚海域进行了广泛的合作。2015 年，东盟与美国正式建立战略伙伴关系，海洋合作被列为双方优先合作领域之一。2013 年，东盟与日本发布《东盟—日本友好与合作愿景声明》，指出要加强在海洋安全方面的合作。2005 年，中国—东盟海事磋商机制正式启动。[1]

三、东盟海洋合作的"安全化"与"去安全化"

2009—2015 年期间，东南亚的海洋问题经历了一个"安全化"的过程，不仅海洋合作开始突出其安全意义，而且原先被置于打击跨国犯罪、交通运输合作、生态和环境保护等框架下讨论的次级治理议题同领土主权等传统安全问题一道被整合成了东盟部长甚至首

---

① 王光厚、王媛："东盟与东南亚的海洋治理"，《国际论坛》，2017 年第1 期，第15—17 页。

脑会晤时商讨、有防务部门参与的独立议题，即海洋安全议题。相应地，东盟和跨区域层面也产生了一系列围绕着海洋安全的合作机制。2009 年东盟发布了《东盟政治—安全共同体蓝图》，其中提到要促进东盟的海洋合作，具体措施包括建立东盟海洋论坛，采取综合措施保障航行安全，通过信息共享和技术合作加强在海洋安保和搜救领域合作等。在这份蓝图中，虽然海洋合作被突出强调，但并没有出现平行或区别于海洋合作的海洋安全议题。然而，在 2015 年发布的《东盟政治—安全共同体蓝图 2025》中，东盟提出要通过加强东盟领导的机制及采纳国际通行的海洋规范和原则来强化区域内外的海洋安全，推进海洋合作。在这里海洋安全被正式提出，并与海洋合作并列。在新的框架下，三大领域被凸显出来：维持南海的和平、繁荣与合作；加强在打击海盗与海上武装劫持、保护海洋环境、打击跨国犯罪、加强海洋安保和搜救方面的合作；依据相关国际法，确保和平、安全、自由和不受阻碍的国际航行和飞行。可以说，不仅海洋安全被当作单独的议题，并且海洋合作也围绕着安全展开。此外，东盟海洋安全与合作的范围也从东盟扩展到了东盟以外的区域。东盟推动海洋合作"安全化"是对这一时期美国围绕海洋问题所展开的区域战略竞争的回应。

2015 年底以来，东盟海洋合作出现"去安全化"趋势，回归海洋合作。首先，在文本措辞上，东盟不再单独列出海洋安全或将海洋合作与海洋安全并列。其次，在具体的合作议程上，海洋合作开始更多关注海洋发展，强调海洋互联互通和能力建设；最后，南海问题从海洋合作的议程中被剥离出来，海洋合作不寻求实现大国之间的势力均衡，而着眼于解决分歧、实现共识。为了应对美国的"印太战略"，东盟于 2019 年 6 月出台了《东盟印太展望》。在这份文件中，海洋安全没有作为单独的合作领域被予以强调，甚至这一表述也没有出现。"去安全化"是在大国地区战略竞争升级、东盟面临选边站困境，并且"东盟中心"地位被削弱时东盟做出的政策反应。[1]

四、中国与东南亚蓝色经济合作

（一）中国与东南亚蓝色经济合作的成果与挑战

中国与东盟蓝色经济合作取得了丰硕成果。第一，多层级立体化海上合作机制渐趋完善。2002 年《南海各方行为宣言》的签署和2013 年中国—东盟海上合作基金的成立是双方海上合作历程中的两个重要里程碑，促进了多层次、多领域、立体化的多边海上合作机制的构建。其中最具代表性的是中国与东盟国家成立的落实《南海各方行为宣言》高官会和联合工作组会议，为双方海上合作领域和内容的扩大和深化提供了制度保障。此外，双方设立的中国—印尼海上合作基金、中国—东盟海洋合作中心、中国—东盟海洋科技合作论坛、中国—东南亚国家海洋合作论坛等，也为推进中国和东盟的海上合作项目提供了资金支持和交流平台。第二，以海洋渔业和海洋旅游为代表的海洋经济合作得到快速发展。中国与东盟国家积极建设中国和东盟自由贸易区，签署《区域全面经济伙伴关系协议》，中方提出 21 世纪海上丝绸之路、泛北部湾经济合作、环南海经济合作圈等合作倡议，为推动中国与东盟国家海洋经济产业合作提供了机制性动力。第三，双方海上非传统安全合作成果丰硕。例如，中国与东盟国家在《亚洲反海盗及武装抢劫船只区域合作协议》框架下，有效推进打击海盗和海上武装抢劫的合作。2017 年 10 月，中国与东盟国家首次举行大规模海上搜救实船演练。然而，中国与东盟国家之间围绕海洋领域的互动同样面临诸多挑战。其一，部分东盟国家对中国在南海的政策主张仍然持有较深的戒备和警惕心理，

---

① 贺嘉洁："东盟海洋合作的'安全化'与'去安全化'"，《东南亚研究》，2020 年第 4 期，第 66—86 页。

对中国的不信任成为阻碍中国与东盟国家海洋合作深入发展的主要因素之一。其二，美国及其盟友和伙伴把东南亚地区视为争夺地缘政治权力的重要场所，域外国家的外交和军事介入是中国与东南亚国家海洋合作的又一负面因素。其三，对海洋资源的竞争性开发制约了中国与东盟国家海洋经济合作，东盟部分国家单方面的海洋资源开发已成为区域性资源养护和海洋产业链整体转型升级合作的重要障碍。[①]

（二）　中国与东南亚海洋塑料垃圾治理合作

海洋塑料垃圾是广泛存在、影响深远的投入性和污染性损害，也是全球亟待解决的十大环境问题之一。该问题在环境、经济、科技等领域受到高度关注，并已进入国际政治领域，成为全球治理的热门议题。"迄今为止，多达79%的塑料最终进入自然环境中，每年有800万吨塑料流入海洋，如果目前的趋势继续下去，到2050年，海洋中塑料的含量将超过鱼类。"[②] 东南亚地区塑料垃圾排放量高，进口量大，从河流流入海洋的塑料量大，已然成为全球海洋塑料垃圾污染的重灾区。全球焚烧炉替代品联盟表示，处理塑料污染的能力和资源欠缺的国家和社区正成为工业化国家生产的一次性塑料的排放阀，东南亚已成为塑料垃圾出口的集散地。[③] 在东南亚海洋塑料垃圾治理中，国家依然是最主要的治理主体。同时，由于东南亚国家海洋塑料垃圾治理能力有限，该区域海洋塑料垃圾治理具有外部参与性显著的特征，但合作网络匮乏。

---

① 陈平平："中国—东盟海上合作任重道远"，中国南海研究院，2021 年 11 月 25 日，http：//www. nanhai. org. cn/review_c/589. html。

② UNEP，"Our Planet is Drowning in Plastic Pollution"，https：//www. unenvironment. org/interactive/beat – plastic – pollution/.

③ Anna Gabriela A. Mogato，"Southeast Asia Became Dumping Ground for Plastic Waste – Study"，2019，https：//www. rappler. com/science/228689 – southeast – asia – dumping – ground – plastic – waste – study/.

在全球海洋治理供给不足的背景下，中国提出了蓝色伙伴关系倡议，表达了"愿与东南亚各国构建开放包容、具体务实、互利共赢的蓝色伙伴关系"的意愿。① 蓝色经济本身就是一种改善民生、大幅减少环境危害的经济模式。中国助力东南亚蓝色经济发展，推动海洋塑料垃圾治理是改善东南亚国家民生，实现中国与东南亚国家民心相通，推动21世纪海上丝绸之路建设，使海洋命运共同体理念落地生根的重要举措。首先，中国应充分利用中国—东盟海洋合作中心、中国—东南亚国家海洋合作论坛、中国—东盟环境保护合作中心、蓝色经济论坛等现有机制，加强与东南亚国家关于海洋塑料垃圾治理的政策、科学和市场各环节间的沟通对话。其次，中国可在中国—东盟蓝色经济圈建设中与东盟、东南亚各国政府加强海洋垃圾管理政策协调，建立海洋塑料垃圾治理市场框架。再次，中国可向东南亚国家提供资金、技术、制度等公共产品，为东南亚海洋塑料垃圾治理拓宽融资渠道，提供技术支持，搭建合作平台。亚洲基础设施投资银行、丝路基金、南海及其周边海洋国际合作框架计划、中国—东盟海上合作基金、中国—印尼海上合作基金等融资平台可专门增设海洋塑料垃圾治理项目。②

（三）中国与东南亚海洋渔业合作

随着2000年以来中国与东盟国家渔业协议的陆续签订，以及中国—东盟自由贸易区的正式实施，为双方海洋渔业深层合作奠定基础。首先，水产养殖业合作。中国与东盟的水产养殖业合作集中于泰国，养殖模式得到创新，共同探索"公司+合作社+农户"的养殖模式。2016年，中国与文莱共建160平方千米的卵形

---

① 中国海洋发展研究中心："第六届中国—东南亚国家海洋合作论坛在广西举办"，2018年11月20日，http：//aoc.ouc.cn/_t719/7a/cc/c9829a228044/page.psp。

② 刘瑞："东南亚海洋塑料垃圾治理与中国的参与"，《国际关系研究》，2020年第1期，第125—142页。

鲳鲹鱼养殖场;同年,中国与马来西亚共创虾类产业养殖基地。其次,海洋捕捞合作。中国于1985年从事远洋渔业生产,起步较晚但发展迅速,目前已成为远洋渔业大国。中国与东盟海洋捕捞合作稳定于印尼和缅甸,以印尼为主。印尼丰富的海洋渔业资源使得福建、浙江、山东、辽宁等多个省份相继前往从事捕捞生产,作业海域集中在阿拉弗拉海渔场,捕捞渔具包括单船拖网、流刺网、围网和其他印尼允许的作业方式。再次,水产品加工合作。水产品加工合作能够提高渔业的综合效益和附加值,提升产品品味。中国与东盟水产品加工合作表现为加工企业的相互投资,集中在越南和印尼,主要是对黄鱼、扇贝、鳗鱼、海水虾以及各种鱼片的冷冻加工,以及罐头制品、腌熏制品和鱼糜制品加工。最后,海洋渔业资源养护合作。中国与东盟海洋渔业资源养护以越南为主。2005年中国与越南签署了《中越海军北部湾联合巡逻协定》,规定每年的五月和十二月进行联合巡逻,旨在维护北部湾的渔业秩序与稳定,促进海洋和谐发展。联合执法检查的持续进行、休渔期的敲定、增殖流放的实施,不仅能够养护和恢复共同渔区的渔业资源、改善生态环境,还能促进渔业增殖和渔民增收,同时也为中国与东盟海上丝绸之路的建设做出积极贡献。[①]

(四) 中国与东南亚海洋油气产业合作

　　中国与东南亚国家的海洋油气产业合作主要体现在海洋油气贸易、产业合作形式、能源通道维护和建设等。首先,在海洋油气贸易方面,双方加快了开展油气合作的步伐。2006年中国海洋石油总公司与马来西亚国家石油公司签订了天然气供应协议,这是中国自2002年以来签订的第一个液化天然气供应协议。中国在东盟市场主要是从缅甸进口管道气,液化天然气主要从马来西亚和

---

　　① 李文姣、周昌仕:"中国与东盟海洋渔业合作问题分析",《中国渔业经济》,2018年第3期,第20—22页。

印尼进口。其次，在产业合作形式上，中国三大石油公司在东盟海洋国基本都实现了形式多样的合作，包括：合作开发油气资源，如中国石化集团公司 2005 年与缅甸关于海陆油气资源开发上的合作；建立合资公司投资开发油田和建设天然气管道，如 2001 年中石化集团公司与缅甸成立合资公司开发油田、2014 年中海油公司与文莱成立的文莱中海油合资有限公司等；通过购买股份获得股权的方式开展合作，如 2004 年、2010 年中海油公司购买印尼天然气项目的股份；此外还有实行总包合同方式对石油开采的基础设施进行建设，以及进行部级或企业间合作开展对油气资源勘探等。再次，在能源通道的共同维护和建设方面，主要是中国与东盟海洋国之间就马六甲海峡航运问题的多次合作。由新加坡牵头建立新加坡、印尼、马来西亚三国马六甲海峡和新加坡海峡航行安全与环境保护合作机制后，中国也加入该机制，并向机制下的助航基金捐款 86 万美元；双方在反海盗和武装劫船方面在国际海事组织机制下进行了卓有成效的合作；为缓解"马六甲困局"，降低中国从海上进口原油的风险，中国与缅甸共同修建了中缅石油管道。①

---

① 张越、陈秀莲："中国与东盟国家海洋产业合作研究"，《亚太经济》，2018 年第 2 期，第 20—21 页。

第六章　印度洋南亚地区蓝色经济开发

南亚东濒孟加拉湾，西濒阿拉伯海，南部被印度洋包围，北部被喜马拉雅山脉阻隔。南亚地区处于印度洋的中心位置，是印度洋航线的必经之地和重要中转站。对中国而言，这里有海上丝绸之路的重要节点和样板示范项目。本章对南亚国家蓝色经济资源情况进行了盘点，并梳理了与南亚相关的蓝色经济治理机制。

第一节　印度洋南亚地区蓝色经济概况

南亚地区包括印度、巴基斯坦、孟加拉国、斯里兰卡、尼泊尔、不丹、马尔代夫和阿富汗。其中濒临印度洋的国家包括印度、巴基斯坦、孟加拉国、斯里兰卡和马尔代夫。本章的讨论重点是后面四国。

一、孟加拉国蓝色经济

孟加拉国的海域面积比其陆地面积还要大，因此该国非常重视蓝色经济。在分别于 2012 年和 2014 年解决与缅甸和印度的海洋争端后，孟加拉国获得了 118813 平方千米的海洋面积，其中约 20% 为近海，35% 为浅陆架海，45% 位于深海。孟加拉国近 90% 的贸易是通过海上进行的，大约有 3000 万人的生活依赖海洋经济活动。孟加拉国的主要蓝色经济部门是渔业，其在孟加拉湾的专属经济区内有四个潜在渔场，总面积达 1.46 万平方千米。孟加拉国是世界领先的鱼类生产国之一，2016—2017 年的总产量为 413.4 万吨，其中，水产养殖鱼类占 56.44%。根据联合国粮食及农业组织 2016 年的统计数据，孟加拉国在世界水产养殖产量中排名第五，鱼类生产已实现自给自足。[1] 孟加拉国有近 600 万人从事海盐生产业和拆船业。[2] 盐矿开采和相关下游产业创造了 500 万个就业岗位，支持了 2500 万人口的生计。[3] 沿海砂矿包括诸如锆石、钛铁矿、金红石、蓝晶石、石榴石、磁铁矿和独居石等重矿物。与缅甸的海洋争端得到解决后，新增的近海海域显示出油气资源潜力。[4]除此之外，其他可以加强蓝色经济并使其在孟加拉国具有吸引力的部门是红树林旅游、碳氢化合物勘探、潮汐能和风能发电。孟加拉国蓝色经济综合计划包括：通过最佳做法扩大捕捞量；确定更适合水产养殖的地方；控制人为污染。该计划还包括评估鱼类种群、确定迁徙路线和合适的捕捞技术。孟加拉国的第七个五年计划（2016—2020 年）强调渔业的开发和管理，包括深海捕捞、改进水产养殖业、海洋可再生能源、新的海洋产业（如造船）、生态旅游（如海上巡游和内河航道）、航运基础设施以及海洋科学和研究方面的能力建设。

孟加拉国对鲥鱼独特的保护监管机制已成为所有南亚区域合作联

①　FSB，"Yearbook of Fisheries Statistics of Bangladesh 2016 – 17"，Fisheries Resources Survey System Department of Fisheries Bangladesh Ministry of Fisheries and Livestock Government of the People's Republic of Bangladesh，2017，p. 128.

②　Pawan G. Patil，John Virdin，Charles S. Colgan，M. G. Hussain，Pierre Failler and Tibor Vegh，"Toward a Blue Economy：A Pathway for Sustainable Growth in Bangladesh"，Washington，D. C.：World Bank Group，2018，p. 14.

③　Mohammad Abdullah Al Mamun，Muhammad Raquib，Tasmina Chowdhury Tania and Syed Mohammad Khaled Rahman，"Salt Industry of Bangladesh：A Study in the Cox's Bazar"，*Banglavision*，Vol. 14，No. 1，June 2014，pp. 7 – 17.

④　"BAPEX Finds 700bcf Gas Reserve in Bhola"，*The Independent*，October 24，2017，https：//www. theindependentbd. com/post/120371.

盟国家，尤其是印度和巴基斯坦的学习模式。该框架除对过度捕捞和繁殖地捕捞进行了规定，还要：（1）制定管理与保护安全战略，以监测机械化拖网渔船和半机械化船只的活动；（2）除吉大港外建造更多的监测检查站；（3）创建足够的基础设施，例如小型渔港和高效的海上通信。[①] 2000 年孟加拉国沿海低地人口约 6400 万，预计 2030 年将增至 8500 万，2060 年将增至 1 亿。孟加拉国很容易受到气候变化和海平面上升的影响。据估计，海平面上升可能会淹没超过 17.5％ 的土地，扰乱数百万人的生计，并破坏大量的经济活动。从所有这些机遇和威胁来看，孟加拉国需要以有效的方式进行"海洋审计"，并制订特定过渡阶段的计划，以启动蓝色经济活动。[②] 孟加拉国向 50多个国家出口冷冻虾及其他鱼类和海产品，包括比利时、英国、荷兰、德国、美国、中国、法国、俄罗斯、日本和沙特。2019 年，孟加拉国渔畜业部和联合国粮食及农业组织在达卡联合举办了"孟加拉蓝色经济对话"，探讨孟加拉国海洋渔业和水产养殖业发展潜力。分析人士认为，目前孟海洋经济对总体经济贡献每年超过 60 亿美元，其中旅游、海洋渔业及养殖、运输、能源占比分别为 25％、22％、22％ 和 19％，具有很大发展机遇和潜力，可创造更多收入。蓝色经济是孟加拉国政府优先发展行业之一，世界银行已提供 2.4亿美元用于其沿海和海洋渔业可持续发展。[③]

在中国海洋发展基金会的资助下，国家海洋技术中心承担了孟加拉国海洋空间规划编制研究项目，旨在运用我国海洋空间规划

---

① Nasiruddin, "Blue Economy for Bangladesh", 2015, https://mofl. portal. gov. bd/sites/default/files/files/mofl. portal. gov. bd/page/221b5a19_4052_4486_ae71_18f1ff6863c1/Blue%20economy%20for%20BD. pdf.

② Ranadhir Mukhopadhyay, Victor J. Loveson, Sridhar D. Iyer and P. K. Sudarsan, *Blue Economy of the Indian Ocean: Resource Economics, Strategic Vision, and Ethical Governance*, CRC Press, 2021, p. 76.

③ "孟加拉国蓝色经济具有很大发展潜力"，中国商务部网站，2019 年 2 月 21 日，http://www. mofcom. gov. cn/article/i/jyjl/j/201902/20190202836857. shtml。

的理念、技术和方案，与孟加拉国政府、海军、高校和研究机构开展合作，共同编制和推动孟加拉国海洋空间规划，促进孟加拉国海洋经济发展，促进海洋资源开发和保护协调发展，增进沿海人民福祉。2019年6月20日，孟加拉国能源与矿产资源部蓝色经济办公室主任赴中国国家海洋技术中心开展中孟海洋空间规划合作交流，双方达成了签署海洋空间规划合作文件的共识，拟定规划范围为孟加拉国3万多平方千米的海域和海岸带区域。中国国家海洋技术中心将与孟加拉国能源与矿产资源部蓝色经济办公室、孟加拉国海事大学、孟加拉国海军海事研究与发展研究所、孟加拉国海洋研究所、吉大港大学海洋科学和渔业研究所组建中孟海洋空间规划工作组，启动孟加拉国海洋空间规划编制工作。[①]

二、斯里兰卡蓝色经济

斯里兰卡地处印度洋重要海上贸易通道的战略要地，其2090万人口居住在6.27万平方千米的土地上。斯里兰卡专属经济区面积是其陆地面积的八倍多，沿海地区由14个明确划分的区进行管理，覆盖陆地总面积的23%，总人口的近25%居住在这些地区。这些人口完全依赖海洋资源和相关活动。[②]捕捞的鱼类一直是该国沿海人口的主要蛋白质来源。此外，为了粮食安全，淡水养殖和海水养殖也受到政府的鼓励。然而，渔民使用炸药进行捕鱼带来消极影响，需要政府进行监督。因为该行为除了破坏沿海生态系统外，爆炸物还威胁着占该国整个旅游基础设施四分之三的沿海旅游业。全

---

① "孟加拉国"，中国海洋发展基金会网站，http：//www.cfocean.org. cn/index. php/index/program/fid/1/pid/8/id/28. html。

② Azmy S. A. M. , "Sri Lanka Report on Coastal Pollution Loading and Water Quality Criteria", Bay of Bengal Large Marine Ecosystem Project, Country Report on Pollution—Sri Lanka, BOBLME – 2011 – Ecology – 14, 2013, p. 89, https：//www. boblme. org/documentRepository/BOBLME – 2011 – Ecology – 14. pdf.

球近三分之二的海运贸易通过斯里兰卡，这是可用于未来开发的潜在资源。就海洋能源而言，斯里兰卡需要制订合适的潮汐能和波浪能计划。2016 年，斯里兰卡通过了"斯里兰卡 NEXT 计划"支持该国的蓝色经济倡议，其目标是成为该地区的区域性海运枢纽。斯里兰卡正在建立印度洋发展基金，以对贷款、赠款和技术援助等形式的投资进行增值。[①] 与印度在帕克湾和马纳尔湾的海上边界问题是需要解决的持续冲突。[②]在生态系统保护、海滩营养、生物资源管理和海岸线开发方面的整体海岸管理有望提高旅游业的质量。与水产养殖相关的行动和使用适当的生物技术方法进行食品加工是当下的需要。

沿海旅游是成功的行动之一，尤其是在斯里兰卡西部和南部省份。科伦坡港自 2000 年以来令人难以置信的增长归功于其战略位置，以及最近基础设施的增强，包括开设四个新码头和深化主航道以容纳更大的集装箱船。虽然进展顺利，但这个岛国在过去的几十年里并没有达到预期的发展目标。例如，可持续渔业管理因缺乏关于非法和未经授权捕捞的可靠数据而受到影响。与印度在边境捕鱼活动上的争端没有结束，斯里兰卡水域的毒品和人口贩运也是如此。对海洋生态系统同样具有破坏性的问题是意外漏油和过度捕捞。自 2005 年以来，斯里兰卡的商品进出口一直充满活力，在某种程度上反映了其计划在不久的将来成为印度洋贸易枢纽的雄心。2021 年 6 月 2 日，停泊在斯里兰卡科伦坡港附近锚地

① Wickremesinghe, R (2016) Inaugural Address delivered by Prime Minister of Sri Lanka at the Indian Ocean Conference on September 1, 2016, Shangri La Hotel, Singapore, "Global Power Transition and the Indian Ocean", Colombo: Prime Minister's Office of the Democratic Socialistic Republic of Sri Lanka, http: //www. pmoffice. gov. lk/ download /press /D00000000050_EN. pdf? p = 7.

② Goonetilleke B and Colombage ADJ (2017) "Indo – Sri Lanka Fishery Conflict: An Impediment to Development and Human Security", http: //cimsec. org/indo – sri – lanka – fishery – conflictimpediment – development – human – security/30113.

的一艘装载化学品的外国货船在燃烧数日后开始沉没，给斯里兰卡环境造成严重影响。这艘货船因爆炸起火后，中国科学院中国—斯里兰卡联合科教中心（以下简称中斯联合科教中心）中方专家接到斯里兰卡国家水生资源研究开发署的协助评估灾情请求。中方专家通过预报模型协助评估了此次灾难中产生的碎片和化学品污染物可能扩散的程度，斯方专家收到这些评估信息后，将其及时提供给斯里兰卡相关部门，以便清理人员清除因这次灾难被冲到科伦坡附近海滩的大量污染物。

斯里兰卡处于洋流活动强烈地带，是南亚季风最活跃的地区之一，当地海洋环境灾害和气象灾害频发。为加强中斯应对气候变化等能力建设，2015 年中国科学院南海海洋研究所牵头在卢胡纳大学建立中斯联合科教中心，目前其研究涉及海洋监测、水环境安全等领域。在中斯研究人员共同努力下，一个涵盖航次观测、深海潜标观测、斯里兰卡近岸浮标观测、陆基观测，以及高空大气观测的立体观测网络初步建成，该观测网络的数据由中斯科研人员共享。斯里兰卡前任渔业和水生资源部长加米尼·索伊萨曾高度评价这个立体观测网络，称赞该网络"为斯里兰卡海洋经济开发，减少海啸、暴风雨等极端天气影响提供了科技支撑"。[①]

斯里兰卡是 21 世纪海上丝绸之路的必经之地。长期以来，中国和斯里兰卡保持着良好的合作关系，中国企业在斯里兰卡投资兴建了一系列基础设施项目。作为中国国际战略中的"关键性小国"，斯里兰卡在重大国际和地区问题上同中国保持良好的合作关系，是中国与发展中国家经济合作的典范。

---

① "中方助力斯里兰卡应对海洋环境灾害与气候变化"，新华网，2021年 6 月 3 日，http：//www. xinhuanet. com/2021 - 06/03/c_1127527702. htm。

三、马尔代夫蓝色经济

马尔代夫位于印度洋北部，邻近斯里兰卡和印度，东西宽 130 千米，南北长 823 千米，由 26 个环礁共计 1192 个小岛组成，包括 190 多个居民岛和 140 多个旅游岛，总面积 9 万多平方千米，其中陆地面积 298 平方千米，专属经济区面积 85.9 万平方千米。[①] 马尔代夫是世界上最大的珊瑚岛国，全国大部分岛屿海拔低于 1 米。作为世界上最美丽的海洋岛国之一，马尔代夫一直是全世界游客理想的度假胜地。借助于得天独厚的自然优势，马尔代夫政府逐步将发展的中心从传统的农渔业向高端旅游业转移。马尔代夫属于小岛屿国家，自然资源贫瘠，基础设施落后，全国人口 50 多万，主要聚集在首都大马累地区（其目前涵盖马累、胡鲁累、胡鲁马累以及维林马累四岛），中马友谊大桥将其中三岛连接了起来，使首都作为马尔代夫全国政治、经济及文化中心的地位和作用日益显现。目前，马尔代夫岛屿之间的交通运输基本依靠船舶，但各环礁普遍建有小型民用机场，供本国居民较长距离出行。马累岛上设有深水港口，但港口年久失修，严重超负荷运营，全国进出口物资均经由该港，使其效率低下，远不能满足发展需求。本届政府已正式启动在附近古利法鲁岛建设新港口计划，拟利用印度的资金支持，尽快在该岛建成取代马累岛港口的新港口并投入使用。维娜拉国际机场是马尔代夫最大机场，年接待能力 300 多万人次。为满足本国发展的需要，一批旅游岛逐年新建，但受限于机场的接待能力，目前马尔代夫首都机场接待外国游客数量一

[①]　中国商务部国际贸易经济合作研究院、中国驻马尔代夫大使馆双边处、中国商务部对外投资和经济合作司：《对外投资国别（地区）指南：马尔代夫》（2020 年版），http://www.mofcom.gov.cn/dl/gbdqzn/upload/maerdaifu.pdf。

直保持在 150 万人次上下水平。马尔代夫首都机场改扩建工程早已启动，由北京城建集团承担的部分改扩建工程已接近尾声。但由于沙特企业承担的新航站楼项目刚刚开始建设，预计整个机场工程将推迟到 2023 年才能完工。届时新机场将具备年均 700 万人次的接待能力，从而大大提升马尔代夫未来发展能力，特别是将为马尔代夫旅游业的加快发展注入强劲动力。

马尔代夫拥有广阔的海域，渔业资源丰富，以鲣鱼和金枪鱼为主。渔业曾在马尔代夫国民经济中占有较大比重，但受制于捕鱼手段和能力，总产量十分有限。在实现以旅游业为中心的经济转型后，马尔代夫加大了对本国渔业的保护，限制外资在马尔代夫从事商业捕捞。马尔代夫工业基础落后，制造业能力很弱，主要从事鱼类产品和其他简单加工业务，农业种植仅能满足国内部分需求。因此，马尔代夫 90% 以上的各类物资需要从国外进口。为发展本国经济，20 世纪 80 年代开始，马尔代夫学习国外的先进经验，大力吸引外国投资者，开展一岛一酒店特色旅游，为本国经济社会发展开辟了新的途径。截至目前，马尔代夫已拥有 146 个旅游度假村，旅游业已成为马尔代夫国民经济的支柱产业，旅游及相关收入占据国家财政收入的 60% 左右、国家外汇来源的 80% 左右，使马尔代夫成为南亚地区最富裕的国家之一。近年来中资企业陆续进入马尔代夫市场，截至目前，共有二三十家中资企业在马尔代夫开展各类经营业务，涉及旅游岛投资、渔业合作、基础设施、民生项目工程承包以及能源领域合作等诸多方面。①

---

① 中国商务部国际贸易经济合作研究院、中国驻马尔代夫大使馆双边处、中国商务部对外投资和经济合作司：《对外投资国别（地区）指南：马尔代夫》（2020 年版），http://www.mofcom.gov.cn/dl/gbdqzn/upload/maer-daifu.pdf。

四、巴基斯坦蓝色经济

巴基斯坦位于南亚次大陆西北部，南濒阿拉伯海，北枕喀喇昆仑山和喜马拉雅山，东、北、西三面分别与印度、中国、阿富汗和伊朗接壤。巴基斯坦是我国的全天候战略合作伙伴，也是"一带一路"上重要的支点国家，建设中的中巴经济走廊更是"一带一路"倡议的先行先试标杆项目。2015 年 4 月，习近平主席对巴基斯坦进行国事访问期间，两国领导人一致同意以走廊建设为中心，以能源、交通基础设施、瓜德尔港、产业合作为重点，构建"1 + 4"经济合作布局，经济走廊建设由此进入全面推进阶段。[①]巴基斯坦蓝色经济潜力巨大，拥有包括大陆架和专属经济区在内的 1050 平方千米的沿海区域。巴基斯坦沿海地区渔业资源丰富，每年生产近 60 万吨鱼，如俾路支省的沿海地区以龙虾、虾和墨鱼闻名。巴基斯坦渔业对 GDP 的贡献不如其他亚洲国家高，仅占 1%。在中巴经济走廊项目下，瓜德尔港可以成为海上出口的旗舰，对国内生产总值做出巨大贡献。中巴经济走廊项目下的铁路和公路将会加强巴基斯坦偏远地区与卡拉奇和瓜德尔的连通性。瓜德尔港的连通性不仅会提高现有企业的竞争力，还会刺激出口。最重要的是，瓜德尔港是"一带一路"倡议的交汇点，将连接全球 30 亿人口，提供通往中亚和欧洲的直接通道。在中巴经济走廊项目下，巴基斯坦已被国际社会视为商业中心。沙特将在瓜德尔建设一个耗资 100 亿美元的炼油厂。一旦炼油厂建设完成，它将每天生产 30 万桶石油，为俾路支省的边缘化和贫困人口创造就业机

---

① 中国商务部国际贸易经济合作研究院、中国驻马尔代夫大使馆双边处、中国商务部对外投资和经济合作司：《对外投资国别（地区）指南：巴基斯坦》(2020 年版)，2020 年，http://images.sh - itc.net/202106/20210603134813695.pdf。

会。除此之外，俾路支省和瓜德尔的沿海地区还拥有令人惊叹的美丽风景，瓜德尔还有未经开发的迷人海滩。俾路支省沿海地区也蕴藏着丰富的可再生能源，具有风能、潮汐能、太阳能的开发潜力。① 巴基斯坦高度重视蓝色经济的开发前景，并将 2020 年定为"蓝色经济年"，着力发展海洋经济。②

第二节　印度洋南亚地区蓝色经济治理

南亚地区蓝色经济治理的适用机制主要是在国家、区域和国际层面上。在国家层面，"海岸带综合管理"是一项重要原则；在区域层面，多个计划与倡议在特定议题上发挥着作用；在国际层面，南亚国家是多项国际条约的签署国。

一、海岸带综合管理

在大多数南亚国家，国内宪法都有保护自然环境的规定，以及一些保护海洋环境免受污染和保护海洋生物资源的市政法律文书。"海岸带综合管理"的概念考虑海岸资源多种用途的管理，同时承认它们与自然环境的相互关系。综合管理方法考虑到海洋部门的所有组成部分以及它们与沿海社区和国民经济的联系。然而，评估表明，在南亚地区，资金分配不畅、职责重叠、政策不统一、缺乏协调和评估能力等问题限制了海岸带综合管理的实施。"海洋

---

① Dost Muhammad Barrech, Muhammad Abbas Brohi and Najeeb Ullah, "Pakistan's Untapped Blue Economy Potential", *Journal of Global Peace and Security Studies*, Vol. 2, No. 1, 2021, pp. 63 – 73.

② "巴基斯坦将 2020 年定为'蓝色经济年'，着力发展海洋经济"，2020 年 8 月 16 日，https：//www. sohu. com/a/413460866_120753080。

和沿海保护区声明"是海岸带综合管理流程中非常有效的组成部分，它可以识别和减轻"海洋和沿海保护区声明"周边地区不受控制的活动的影响。然而，研究发现，利益相关者之间缺乏协调、职责重叠、缺乏基线数据和长期监测、机构和基础设施能力不足，这些都对该地区"海洋和沿海保护区声明"的管理实践提出了挑战。一些"海洋和沿海保护区声明"在生态上的代表性不足，因为在保护区的科学概念被正确理解之前很久就已经做出了声明。由于数据收集能力和机构能力不足，一些关键区域仍未被宣布为保护区。在南亚，很少有孟加拉国和印度共享的"桑德尔班斯"以及印度和巴基斯坦共享的"卡奇沼泽地"沙漠这样的跨界"海洋和沿海保护区声明"，这些国家之间为了共同的管理目标而进行的合作非常有限。[①]

二、区域治理框架

在几个组织的支持下，相关国家正在通过各种区域计划对南亚的海洋环境进行管理。联合国环境规划署区域海洋计划的南亚海洋行动计划优先考虑四个关键领域，即海岸带综合管理、区域溢油应急计划、人力资源开发和陆上活动的影响。南亚珊瑚礁工作组致力于对珊瑚礁和沿海生态系统的国家层面管理进行协调，以促进国家间的协作行动和跨界响应，通过充分的政治承诺来克服区域环境挑战。其重点包括海洋保护区管理、区域数据管理和共享、海洋资源管理区域合作以及加强民生改善的决策能力。孟加拉湾大型海洋生态系统计划是 64 个全球大型海洋生态系统计划之一，由联合国粮食及农业组织于 2009 年在其他几个国际组织和相

---

① IUCN, CORDIO and ICRAN, "Managing Marine and Coastal Protected Areas: A Toolkit for South Asia", IUCN, Gland, Switzerland and Bangkok, Thailand; CORDIO, Kalmar, Sweden; and ICRAN, Cambridge, UK, 2008.

关参与政府的协助下实施，以诊断跨界海洋环境问题并制订区域战略行动计划。它确定了三个优先事项，即过度开发、栖息地退化和污染、对国家和地区层面的年度工作计划进行协调，以准备最终的战略行动计划。南亚区域合作联盟秘书处还成立了一个协调机构，即南盟海岸带管理中心，以通过促进区域合作来更好地管理海岸带并提高区域意识。南亚环境合作项目是一个多边组织，其使命是在可持续发展的背景下促进环境领域的区域合作，并支持该地区自然资源的保护和管理。印度、巴基斯坦和斯里兰卡是印度洋金枪鱼委员会的成员，该委员会是一个政府间组织，旨在保护印度洋的金枪鱼和类金枪鱼鱼类，以鼓励区域生物资源的可持续利用。印度洋金枪鱼委员会的职能包括收集鱼群和渔获量的有关数据、鼓励研究、采用科学的保护方法等。[1]

三、适用的国际治理框架

南亚国家已经批准了多项关于保护海洋环境的国际条约。所有沿海国都是《联合国海洋法公约》、《国际防止船舶造成污染公约》（第1、第2和第5部分）、《生物多样性公约》、《联合国气候变化框架公约》的签署国。然而，只有极少数国家批准了《国际海上运输有毒有害物质损害责任和赔偿公约》和《国际油污防备、反应与合作公约》，这在跨界海洋污染事件中可能存在问题。一旦各国批准条约，条约就具有法律约束力，它们有义务避免采取违背条约目标的行动。但是，批准书不会自动强制执行，而且在条约生效之前必须由各个国家颁布适用的国内法。

---

[1] Imali Manikarachchi, "Greening the Blue Economy: South Asia's Perspectives for Good Ocean Governance", October 2016, https://www.researchgate.net/publication/309290974_Greening_the_Blue_Economy_South_Asia's_perspectives_for_good_Ocean_Governance.

第七章　印度洋中东地区蓝色经济开发

中东是一湾两洋三洲五海之地，其处在联系亚、欧、非三大洲，沟通大西洋和印度洋的枢纽地位，涉及里海、黑海、地中海、红海和阿拉伯海。中东在世界政治、经济和军事上的重要地位，使其成为世界历史上资本主义列强逐鹿、兵家必争之地。中东一词是以欧洲为参考坐标，意指欧洲以东，并介于远东和近东之间的地区。具体是指地中海东部与南部区域，从地中海东部到波斯湾的大片地区。

第一节　印度洋中东地区蓝色经济概况

对于中东地区包含哪些国家有不同的说法。本章在讨论印度洋中东地区国家时主要涉及伊朗、阿联酋、阿曼和也门。

一、伊朗蓝色经济概况

伊朗位于亚洲西南部，同土库曼斯坦、阿塞拜疆、亚美尼亚、土耳其、伊拉克、巴基斯坦和阿富汗相邻，南濒波斯湾和阿曼湾，北隔里海与俄罗斯和哈萨克斯坦相望，素有"欧亚陆桥"和"东西方空中走廊"之称。伊朗人口众多，地理位置优越，资源禀赋优势明显，是西亚北非地区经济大国，具有较大的发展潜力。①

在伊朗蓝色经济行业中，航运业具有巨大开发潜力。伊朗拥有该地区著名的古老的航运公司之一，在过去 20 年里伊朗一直在采取措施发展其航运业。然而，诸如制裁之类的外部因素一直抑制该行业并阻止其发挥真正潜力。法国航运咨询机构阿尔法莱纳在 2021 年 2 月 16 日的一份关于著名承运人排名的报告中指出，作为伊朗的旗舰承运人集团的伊朗伊斯兰共和国航运公司位列全球第十五大航运公司。该公司目前拥有 150 艘在役船舶，其中散货船 32 艘、集装箱船 30 艘、杂货船 22 艘、服务船和客船 18 艘、滚装船 2 艘，以及驳船 3 艘。② 该公司长期受到美国、联合国、欧盟等各方的制裁。在 2015 年 8 月伊朗与世界大国达成核协议后，该公司于 2016 年重返世界市场。然而，在美国退出核协议后，其于 2020 年 6 月 8 日再次对该公司实施制裁，这阻碍了该公司到 2020 年成为世界十大航运公司之一的计划。

现在，伊朗正在采取新的战略，通过赋予生产者权利和依靠国内能力来加强其航运业。伊朗拥有得天独厚的地理优势，南北通海，完全具备成为西亚航运枢纽的条件。伊朗港口和海事组织表示，考虑到商业港口的空置能力和国家船队的地位，伊朗有潜力成为该地区的转运枢纽，并显著增加其集装箱运输份额。伊朗官员拉斯塔德在世界海事日的仪式上发表讲话时指出：本届政府特别关注海洋经济的发展，伊朗正走在这方面的发展道路上。就远洋船队而言，伊朗潜在的海上能力非常重要。伊朗港口码头的容量为 2.6 亿标准箱，其中每年仅使用 1.5 亿吨。如果贸易随着制裁的解除而增加，伊朗

---

① 中国商务部国际贸易经济合作研究院、中国驻伊朗大使馆经济商务处、中国商务部对外投资和经济合作司：《对外投资合作国别（地区）指南：伊朗》(2020 年版)，2020 年，http：//images. sh‐itc. net/202106/20210603135731579. pdf。

② Ebrahim Fallahi, "Iranian Maritime Industry: A Great Capacity to Be Tapped", *Tehran Times*, October 13, 2021.

将能够通过利用商业港口和国家船队的所有空置能力来加强国家经济。拉斯塔德表示，商业港口的容量已经超出了目前的贸易水平。他说："我们应该寻求在适当的条件下吸引更多的过境货物，让商业港口和集装箱码头成为区域港口的转运枢纽。"在同一活动中，伊朗伊斯兰共和国航运公司负责人希亚巴尼表示，伊朗航运公司船队在当前伊朗日历年的前五个月（3月21日—8月22日）进行的海上运输与去年同期相比增加了43%。他将制裁描述为伊朗伊斯兰共和国航运公司活动方式中的一个削弱因素，称"制裁使我们难以为船只提供零部件，同时也大大增加了保险成本"。总而言之，随着疫情流行的负面影响逐渐消失，新的经济和政治视野逐渐显现，人们对伊朗航运业最终能够发挥其真正潜力的期望越来越高。即使制裁没有取消，伊朗也决心实现自给自足，并专注于其盟友，以挖掘包括航运业在内的所有领域的潜力。①

此外，据伊朗《德黑兰时报》2021年1月4日的报道，伊朗海洋石油公司对位于波斯湾的亨迪让、贝雷甘萨尔、阿布扎尔和诺鲁孜节油田进行总体开发计划研究后宣布，四个油田预测总储量达99亿桶，较上次研究测算多出7.42亿桶；可开采量超过32亿桶，较上次研究测算增加2.17亿桶。伊朗海洋石油公司相关负责人表示，如果按照每桶45美元测算，这些油田潜在经济价值增加近100亿美元。② 在海洋安全方面，伊朗海军在反海盗方面也发挥着一定的作用。据伊朗多家媒体报道，当地时间2021年11月1日，伊朗海军司令沙赫拉姆·伊拉尼表示，一艘伊朗军舰在经历激烈交火后，成功在亚丁

---

① Ebrahim Fallahi, "Iranian Maritime Industry: A Great Capacity to Be Tapped Economy", *Tehran Times*, October 13, 2021.

② 中国驻伊朗大使馆经济商务处："伊朗波斯湾油田预测储量达99亿桶"，2021年1月6日，http://ir.mofcom.gov.cn/article/ddgk/202101/20210103028945.shtml。

湾海域挫败了一起针对伊朗油轮的海盗袭击。①

二、阿联酋蓝色经济概况

阿联酋位于阿拉伯半岛的东南端，地处海湾进入印度洋的海上交通要冲，油气资源丰富。其石油探明储量1050亿桶，天然气探明储量7.73万亿立方米，均排在全球第六位。石油产业是阿联酋的支柱产业，巨额稳定的石油收入是阿联酋财政收入的主要来源，使其成为海湾地区第二大经济体和世界上最富裕的国家之一。与此同时，为减少对石油产业的依赖，降低石油价格波动对经济增长的影响，实现可持续发展，阿联酋致力于推行经济多元化政策，鼓励创新发展，已逐步发展成中东地区的金融、商贸、物流、会展、旅游中心和商品集散地。世界经济论坛发布的《2019年全球竞争力报告》显示，阿联酋位居阿拉伯国家之首，全球第25位。根据世界银行公布的《2020世界营商环境报告》，阿联酋综合排名世界第16位，连续7年位居阿拉伯国家之首。②

阿联酋的沿海和海洋生态系统生产力高，并提供多种生态系统服务，支持阿联酋的社会和经济发展。珊瑚礁、潮间带泥滩、红树林、牡蛎床和海草草甸对于提供海产品和用于淡化的清洁海水至关重要。它们还通过碳封存为减缓气候变化做出贡献，并帮助保护沿海基础设施和社区免受侵蚀、海平面上升和风暴的影响。水质和健康鱼类种群依赖于健康的沿海生态系统和栖息地保护。海草、红树林和牡蛎床通过锁定沉淀物和过滤过多的营养物质，在维持水质和

---

① "伊朗海军挫败一起针对伊朗油轮的海盗袭击"，2021年11月1日，https://news.dayoo.com/world/202111/01/139998_54100824.htm。

② 中国商务部国际贸易经济合作研究院、中国驻阿联酋大使馆经济商务处、中国商务部对外投资和经济合作司：《对外投资合作国别（地区）指南：阿联酋》（2020年版），2020年，http://www.mofcom.gov.cn/dl/gbdqzn/upload/alianqiu.pdf。

减少水柱中的污染物方面发挥着关键作用。这些天然的"净水器"提供了一种具有成本效益的解决方案,对海水淡化厂很有价值。这些生态系统还为具有重要经济价值的鱼类提供庇护,从而支持渔业部门、鱼类资源恢复计划,并最终支持阿联酋的粮食安全。海岸沿线的自然区域与阿联酋的文化特征密切相关,并提供众多休闲机会。基于自然的休闲活动有利于旅游业,并最终有助于阿联酋作为旅游目的地的品牌多元化。根据对阿布扎比公共设施、酒店和海滩设施的调查,阿布扎比的设施价值(对游客和居民而言)可能在每公顷830万—1380万美元之间。沿海生态系统使沿海城市和基础设施能够抵御气候变化。珊瑚礁、海草和红树林在减弱波浪能、风暴事件和强风的缓冲效应方面特别有效,有助于稳定海岸线和控制侵蚀,最终有助于提高沿海城市和基础设施抵御气候变化影响的能力。美国的一项研究估计,在飓风桑迪来袭期间,湿地和沿海栖息地直接减少了 6. 25 亿美元的洪水损失。①

三、阿曼蓝色经济概况

阿曼是阿拉伯半岛上面积第三大的国家,约 31 万平方千米,比意大利还要稍大些。人口近 500 万(包含近半外籍常住人口)的阿曼,是中东地区人口密度最低的国家。2018 年,阿曼 GDP 近 800 亿美元,人均 GDP 约 1.6 万美元,是一个富裕国家。历史上,阿曼曾经是一个十分强大的国家,领土广大,至今还有众多来自伊朗、巴基斯坦和阿富汗的俾路支人生活在这里。阿曼的经济成就如同其他波斯湾国家一样,得益于国内丰富的石油资源。石油产业是阿曼的

---

① Emirates Nature – WWF, "How UAE Business can Shape a Sustainable Blue Economy：Engaging the Private Sector towards a Sustainable Blue Economy for the U-nited Arab Emirates", 2019, https：//static1. squarespace. com/static/5d43515e52ac 6400019ed7af/t/5ee0fd74ea363a02fa8b0858/1591803283586/FA – EN + WWF – SBE – FULL + REPORT – digital – hires – spread. pdf.

支柱产业，油气出口收入占国家财政收入的75%，占国内生产总值的41%。中国已成为阿曼原油的最大进口国，占阿曼出口量的70%以上。阿曼的大部分国土位于波斯湾出口处，地理位置十分重要，有封锁霍尔木兹海峡的能力。位于阿曼中部省的杜库姆正在建设一个经济特区，特区占地面积2000平方千米，海岸线长度80千米，是目前中东北非地区最大的经济特区，是阿曼推动经济多元化的项目。其中的中国—阿曼产业园是中阿双方交流与合作的新起点，计划投资超过100亿美元。这个面积巨大的经济区，有可能成为迪拜杰贝阿里自由贸易区最大的竞争者。温和的政治环境、中庸的经济条件，使阿曼成为中东少有的安静国家。①

　　阿曼拥有3165千米长的海岸线，阿联酋和也门是其海上邻国。在约31万平方千米的陆地总面积中，82%为沙漠，15%为山地，其余3%为沿海平原。阿曼的专属经济区为533180平方千米。巴蒂纳是工业化程度最高的城市，拥有多个港口和渔村。大约在21世纪初，环印联盟在阿曼建立渔业支持部门方面发挥了重要作用。2011年，在阿曼工商会的支持下，阿曼被选中成立区域海上运输委员会。2019年在马斯喀特举行的海洋经济和未来技术会议上详细阐述了阿曼对蓝色经济的愿景和观点。阿曼主要的海洋经济行业是渔业、航运业、海上石油和天然气、海洋可再生能源和海洋采矿。

　　由于其漫长的海岸线和包括四个联合国教科文组织遗产地在内的历史遗迹，使旅游业成为阿曼具有潜力的蓝色经济部门。作为一个新项目，马斯喀特国际机场正在进行重大升级和扩建，以实现服务1200万名旅客的目标。同样，塞拉莱国际机场和苏哈尔、杜哈姆、亚当和拉斯哈德等地的小型机场也进行了升级。渔业从业人员

---

① "阿曼，中东低调的富裕国家"，腾讯网，2021年5月22日，https：//new. qq. com/omn/20210522/20210522A00ANB00. html。

近 1.5 万人，支持着 10 万人的生计。[①] 尽管阿曼拥有丰富的渔业资源，但是目前只开发了 2%—3%。此外，渔业加工和出口在很大程度上仅限于生鱼和初级加工，几乎没有附加值。阿曼一家参与制定渔业发展规划的咨询公司报告显示，在私营企业牵头的 6.4 亿里亚尔（16 亿美元）资金的推动下，阿曼渔业将进入新的发展阶段。[②]

四、也门蓝色经济概况

也门共和国位于阿拉伯半岛西南端，北与沙特接壤，南濒阿拉伯海和亚丁湾，东邻阿曼，西临红海，扼曼德海峡，具有重要的战略地理位置。也门有 3000 多年文字记载的历史，是阿拉伯世界古代文明的摇篮之一，承载着厚重的阿拉伯文明和辉煌的阿拉伯历史。也门是典型的资源型国家。油气和矿产资源丰富，是国民经济的支柱产业。2011 年的社会动荡延滞了也门的经济发展。2012 年初成立的也门过渡政府正千方百计医治国家战争创伤，多方寻求国际社会援助和对也门经济重建的支持，以期尽快将国家带上平稳、健康的发展之路。随着政局趋稳，也门经济开始恢复增长，2013 年增长率为 3.7%。然而由于战乱导致 2014 年经济增长率出现负增长，实际增长率为 −0.2%。2015 年由于国内冲突升级，也门经济再一次恶化，骤降 28.1%，2016 年为 −37%。[③] 也门拥有大片领海和丰富的

---

①　Ranadhir Mukhopadhyay, Victor J. Loveson, Sridhar D. Iyer and P. K. Sudarsan, *Blue Economy of the Indian Ocean: Resource Economics, Strategic Vision, and Ethical Governance*, CRC Press, 2021, p. 73.

②　"6.4 亿里亚尔投资推动阿曼渔业发展"，中国商务部网站，2020 年 2 月 13 日，http://www.mofcom.gov.cn/article/i/dxfw/gzzd/202002/20200202935859.shtml。

③　中国商务部国际贸易经济合作研究院、中国驻也门大使馆经济商务处、中国商务部对外投资和经济合作司：《对外投资合作国别（地区）指南：也门》(2020 年版)，2020 年，http://images.sh-itc.net/202106/20210604101313353.pdf。

海洋生物资源，但捕鱼业相对落后。也门是小型石油生产国，不属于石油输出国组织。有别于区内许多石油生产国，该国很大程度上依赖与政府签订生产共享协议的外国石油公司。旅游业受有限的基础设施和严峻的安全形势窒碍，酒店和餐馆低于国际标准，航空和公路运输严重不足。

第二节　印度洋中东地区蓝色经济治理

中东地区位于印度洋的北端，重要的海域包括阿拉伯海和波斯湾（又称阿拉伯湾），通常被称为"印度洋北部的弧形战略地带"，被列入"大印度洋"的地理范畴，具有重要的地缘战略地位。控制该地区不仅意味着可以从海洋方向掌控印度洋，而且还有助于在陆地方向从"边缘地带"向欧亚大陆的"心脏地带"渗透。随着全球能源需求和海上贸易的逐年递增，该地带已不仅是世界上最重要的战略区域之一，还因为区域内根深蒂固的矛盾和难以调和的利益冲突，成为世界上爆发冲突风险最高的地区之一。因此，在印度洋中东地区的海洋治理中，安全因素被置于非常突出的位置。

一、印度洋视域下中东海洋安全历史演进

从 19 世纪中期到二战结束前的一个世纪里，印度洋是"大不列颠的内湖"，地区海洋安全主要由英国维护。19 世纪中叶，英国几乎控制了印度洋所有的入口，占据绝对优势。这种主导地位一直持续到二战，英国基本维持了印度洋的海上安全，实现了所谓"英国治下的和平"。二战后，英国开始战略收缩，美国乘虚而入，试图成为印度洋的新霸主。在 1956 年苏伊士运河危机

后，英法在中东地区的历史地位被占夺，美国填补了地区力量真空，取代英国成为印度洋海洋秩序的主导者。美国逐步成为印度洋新霸主的同时，其主导地位却面临苏联的强劲挑战。阿拉伯海、波斯湾和亚丁湾地区成为美苏争夺的焦点。进入 20 世纪 80 年代后，美国里根政府奉行"新冷战"政策，开始对苏联的海上扩张进行全面遏制。苏联则陷入了阿富汗战争的泥潭，已无力与美国抗衡。至 20 世纪 80 年代末，苏联的印度洋分舰队在包括中东海域在内的印度洋地区已难觅踪影。伴随冷战结束和苏联解体，美国在印度洋地区几乎掌握了绝对"制海权"。进入 21 世纪以来，印度洋地区的"美国独霸"结构开始朝着美、俄、日、印、英、法等"多国存在"的方向发展。①

二、中东海洋安全的现状

中东海域不仅向外输出大量的能源与资源，更是连接东西方航运的海上生命线，对全球影响巨大。然而，自 20 世纪中期以来，由于大国在印度洋和中东地区的博弈和中东国家内部矛盾突出，中东海洋安全始终处于纷扰不断的状态。进入 21 世纪，海盗等非传统安全威胁日益凸显，中东海洋安全状况不稳定因素进一步增加，集中体现在能源与资源、非传统安全威胁、地区国家间的矛盾冲突等领域。非传统安全是目前中东海域最严峻的安全挑战之一。从中东延伸到亚洲沿海地区的印度洋北部边缘地带有"不稳定弧形区域"之称。② 这里恐怖袭击频繁，海盗活动猖獗，自然灾害、非法移民、海洋污染等事件屡屡发生，这些威胁近年

---

① 方晓志、胡二杰："印度洋视域下的中东海洋安全合作研究"，《阿拉伯世界研究》，2018 年第 1 期，第 103—107 页。

② Stephen J. Flanagan, Ellen L. Frost and Richard L. Kugler, *Challenges of the Global Century: Report of the Project on Globalization and National Security*, Washington, D. C.: National Defense University, 2001, pp. 16 – 17.

来在中东海域表现明显。印度洋西北部的海盗多数来自索马里，该国从 1991 年后一直处于部落纷争引发的内战中。2014 年 6 月以来，极端组织"伊斯兰国"兴起成为全球恐怖主义的新力量，对中东海洋安全构成严重威胁。伴随中东海域航运不断增加，船舶伴生污染和生态破坏随之增加。此外，还有沿海工程建设、岸上工业污染、战争破坏、石油泄漏、污水排放、过度捕鱼和损害性旅游业等问题。这些现象在红海、亚喀巴湾、波斯湾等海域都有明显表现。①

三、中东海洋安全合作的主要内容

中东海洋安全合作的主要内容包括地区国家开展区域安全合作和联合军事演习，以及国际社会和区域国家为应对海盗、海洋环境污染等威胁建立的多项安全机制等。始建于 1981 年的海湾阿拉伯国家合作委员会（以下简称海合会）是当前海湾地区最重要的政治经济组织，其成员包括沙特、阿联酋、阿曼、巴林、卡塔尔和科威特六国。海合会国家联合的核心驱动力在于安全防务问题。但成员国与伊朗矛盾根深蒂固，两者经常举行针锋相对的军事演习，对地区海洋安全产生负面影响。在泛印度洋层面，2012 年 11 月，环印联盟第十二届部长理事会会议通过《古尔冈公报》，强调海事安全成为未来 10 年的合作重点。为治理索马里海盗问题，联合国自 2008 年以来通过多项决议，授权相关国家和国际组织派军舰打击海盗和执行护航任务。欧盟、北约、中国、美国、俄罗斯、印度和韩国等先后向亚丁湾海域派出军舰开展反海盗行动。2009 年，索马里海盗问题联络小组成立，成员包括 60 余个国家和国际组织，负责协调国际社会打击海盗的努

---

① 方晓志、胡二杰："印度洋视域下的中东海洋安全合作研究"，《阿拉伯世界研究》，2018 年第 1 期，第 108—111 页。

力。在应对海洋环境污染与生态破坏方面，相关机制已经建立，如红海—亚丁湾环境项目、海洋应急互助中心，以及其他一些双边和多边海洋环境合作机构。这些环境保护和应急机制虽然效果不尽相同，但为中东国家间的海洋安全对话提供了重要渠道。①

四、中国与印度洋中东地区蓝色经济合作

中东地区蕴藏着丰富的石油资源，又处在重要的能源通道位置，中国与中东地区国家的蓝色经济合作除了一般的经济往来之外，也非常重视在安全领域的合作。

（一）中国与中东国家双边合作概况

中国和伊朗都是具有数千年历史的文明古国，古代丝绸之路见证了两国人民绵延千年、源远流长的友谊。近年来，在中伊两国领导层的高度重视下，两国传统友谊得以持续巩固，全方位交流与合作稳步推进，各领域务实合作成果丰硕。目前，伊朗是我国在中东地区的第三大贸易伙伴，全球第七大原油进口来源地、重要的工程承包市场以及投资目的地。我国是伊朗最大的贸易伙伴，同时也是伊朗最大的石油及非石油产品出口市场和重要的外资来源地。②

自 1984 年 11 月建交以来，中国和阿联酋双边经贸合作取得令人瞩目的成就。2012 年，中阿两国建立战略伙伴关系。阿联酋积极响应中国"一带一路"倡议，并于 2015 年 3 月正式申请成为亚洲基

---

① 方晓志、胡二杰："印度洋视域下的中东海洋安全合作研究"，《阿拉伯世界研究》，2018 年第 1 期，第 111—113 页。

② 中国商务部国际贸易经济合作研究院、中国驻伊朗大使馆经济商务处、中国商务部对外投资和经济合作司：《对外投资合作国别（地区）指南：伊朗》（2020 年版），2020 年，http：//images. sh – itc. net/202106/20210603135731579. pdf。

础设施投资银行的创始成员国。2018 年 7 月，习近平主席访问阿联酋，中阿建立了全面战略伙伴关系。阿联酋已成为"一带一路"倡议下同中国务实合作领域最广、程度最深、成果最实的中东国家。中国快速增长的外贸出口和能源需求，为阿联酋带来了丰富的工业产品，也为其石油石化产品提供了广阔的市场，两国经济高度互补、利益高度契合，合作前景十分广阔。同时，阿联酋追求卓越的发展理念、令人称羡的发展速度、开放包容的社会文化和辐射周边的区位优势，使其成为中国企业投资创业的乐土。目前，超过 4000 家中国企业在阿联酋开拓当地和地区业务，阿联酋已成为中国在阿拉伯地区第一大出口目的国和第二大贸易伙伴。①

中国与阿曼建交 40 多年来经贸合作迅速发展，涉及能源、电信、基础设施、渔业和商业等众多领域。中石油与当地企业合资的达利石油公司已成为阿曼第三大产油公司，中国油气工程服务和设备供应企业也已成为阿曼油气领域的重要支撑力量。在电信领域，中资公司已成为阿曼电信业的主要设备供应商，在阿曼电信市场所占份额稳居首位。中国与阿曼的渔业合作已开展多年，中国水产等中资公司在当地开展了捕捞、收购、加工等多元业务，同阿曼渔民、渔企合作关系良好。在基础设施方面，中资公司先后承建了高等级公路、污水管线、独立电厂、水泥厂等大型工程。同时，中国民营企业积极开拓阿曼市场，投资了石油管材、建材、包装、零售等行业的项目，也取得了较好的业绩。②

---

① 中国商务部国际贸易经济合作研究院、中国驻阿联酋大使馆经济商务处、中国商务部对外投资和经济合作司：《对外投资合作国别（地区）指南：阿联酋》（2020 年版），2020 年，http：//www. mofcom. gov. cn/dl/gbdqzn/upload/alianqiu. pdf。

② 中国商务部国际贸易经济合作研究院、中国驻阿曼大使馆经济商务处、中国商务部对外投资和经济合作司：《对外投资合作国别（地区）指南：阿曼》（2020 年版），2020 年，http：//images. sh－itc. net/202106/20210604094110911. pdf。

（二）中国与中东国家的基础设施合作

近年来，随着"一带一路"国际合作的逐步推进，地处"丝绸之路经济带"和"21世纪海上丝绸之路"汇集处的中东地区，在中国特色地位不断凸显。与此同时，《沙特2030愿景》《阿联酋2030愿景》《科威特2035愿景》等中东国家战略规划的提出，使其基础设施建设需求增大。在此背景下，中国基建企业加大力度深耕中东市场。截至2019年，中国基建企业已经跃升为中东地区第二大基建工程承包商，并占据24.7%的市场份额，与第一大基建工程承包商欧盟的市场份额仅差3.8个百分点。除了与中东国家的双边合作外，中国还积极发挥中阿合作论坛等多边合作机制的作用。在2016年中阿合作论坛第七届部长级会议上，中国外交部长王毅表示要让铁路和港口成为中阿交往的标志。2020年，中阿合作论坛第九届部长级会议通过的《中国—阿拉伯国家合作论坛2020年至2022年行动执行计划》提出要加强双方在港口、海事管理部门、物流中心等方面的合作。中国交通类与电力类企业积极参与到中东多国的港口、铁路、公路、水电、火电等重点基础设施行业，并承揽了诸如科威特巴比延岛海港项目、卡塔尔多哈新港项目、伊朗德黑兰—哈麦丹—萨南答加铁路项目等中东国家重点工程项目。尽管中国企业在中东各国投资与承建的基础设施项目各有侧重，但在政局较为稳定的国家基本覆盖所有重要的基础建设领域。

第八章　印度洋非洲地区蓝色经济开发

非洲是全球海洋治理的重要参与者，海洋安全与蓝色经济是非洲海洋治理的核心内容。[①] 21 世纪之前，非洲海洋治理主要聚焦海洋安全。进入 21 世纪以来，海洋蕴含的经济价值得到非洲国家越来越高的重视，蓝色经济在非洲海洋治理中的地位越来越突出。由于蓝色经济内涵与非洲大陆发展理念相契合，非洲国家也加入蓝色经济推动者的行列。非洲区域组织和沿海国家纷纷推出与蓝色经济相关的战略和政策，旨在通过对海洋资源的管理和利用，实现国家经济结构的变革与发展。

第一节　印度洋非洲地区蓝色经济概况

一、索马里

索马里位于非洲大陆最东部的索马里半岛上，北邻亚丁湾，东、南濒印度洋，西邻肯尼亚、埃塞俄比亚，西北接吉布提。海岸线长3300 千米。它的大部分地区属热带沙漠气候，西南部属热带草原气候，终年高温，干燥少雨。公元前 1700 多年，非洲之角即出现了以

---

① Ernesta Swanepoel, "The Nexus between Prosperity in the African Maritime Domain and Maritime Security", *South African of International Affairs*, June 2017, https://media. africaportal. org/documents/saia_spb_163_swanepoel_20170731. pdf.

出产香料著称的邦特国。7 世纪起，阿拉伯人和波斯人不断移居于此并建立贸易点和若干个苏丹国。1887 年，索马里北部沦为英国"保护地"（英属索马里）。1925 年，索马里南部沦为意大利殖民地（意属索马里）。1941 年，英国控制了整个索马里。1960 年 6 月 26 日，索马里北部独立，7 月 1 日南部独立，同日南、北部合并，成立索马里共和国。1969 年，索马里国民军司令穆罕默德·西亚德·巴雷政变上台，成立索马里民主共和国。1991 年 1 月，西亚德政权被推翻，索马里自此陷入内战，多个政权并存。索马里是最不发达国家之一。经济以畜牧业为主，工业基础薄弱。1991 年后，由于连年战乱，工农业生产和基础设施遭到严重破坏，经济全面崩溃。2012 年索马里联邦政府成立后，着力发展基础设施、公共服务、制造业、房地产和建材等行业，经济发展初现生机。2016 年，索马里联邦政府制定 30 年来首个国家发展规划，确定了经济发展优先领域，将加强基础设施建设，发展农、渔、畜牧业，建立健全金融和税收体系等。索马里拥有非洲大陆最长的海岸线，渔业资源丰富。联合国粮食及农业组织估计，索马里年捕捞量可达 18 万吨，但受捕捞方式落后、市场不大等因素限制，实际捕捞量很小。主要港口有摩加迪沙港、基斯马尤港、柏培拉港和博萨索港。摩加迪沙港由土耳其公司运营，2016 年大宗货物吞吐量近 72 万吨，到港集装箱船舶 128 艘，处理 9.44 万标准箱。1997 年、1999 年，欧盟两次出资对柏培拉港和博萨索港进行升级改造。2016 年，阿联酋开始对柏培拉港进行扩建。[①]

二、肯尼亚

肯尼亚是非洲的东大门，东邻索马里，南接坦桑尼亚，西连乌干达，北与埃塞俄比亚、南苏丹交界，东南濒临印度洋，赤道横贯

---

① "索马里"，中国外交部网站，http://cs.mfa.gov.cn/zggmcg/ljmdd/fz_648564/sml_651729/。

东西，东非大裂谷纵贯南北。首都内罗毕有"非洲小巴黎"之称，是一座国际化都市，联合国在此设有办事处，联合国环境规划署和联合国人类居住规划署总部也设于此地。肯尼亚蓝色经济以滨海旅游业和海洋渔业为主，全国70%以上的家庭生计直接或间接依靠渔业和旅游业。肯尼亚政府利用丰富的红树林资源发展的蓝碳项目颇具特色，加兹湾南部的红树林蓝碳项目的碳信用当量每年可为当地社区创收1.2万美元。① 肯尼亚十分重视对本国海洋环境、渔业资源等的研究和保护，1999年颁布了"环境管理与协调法案"，用于协调全国的环境管理和保护。肯尼亚环境与自然资源部是主管全国环境管理和保护及自然资源可持续利用的政府主管部门，该部下属的国家环境管理局是负责肯尼亚海洋环境管理与保护、海洋生态系统监测与保护、海岸带及湿地修复等规划制定和实施的专门机构；另有该部下属的气象局负责为民间及军方提供气象预报服务、海上航线预报和气象学及其他领域的培训。除此之外，肯尼亚还拥有从事水产养殖、海洋及渔业研究的专门机构——肯尼亚海洋渔业研究所。2018年11月，肯尼亚倡议的首届可持续蓝色经济会议在该国首都内罗毕举行。会议聚焦海洋资源的可持续管理，以期实现减少环境污染、应对气候变化、消除贫困饥饿、创造就业等目标。② 肯尼亚政府正在寻求培养更多训练有素的海上人员，以增加航运业对经济的贡献。班达里海事学院由总统乌胡鲁·肯雅塔于2019年创办，旨在提供国际标准培训，使肯尼亚青年能够被国外的航运公司招募。该学院预计每年培养至少2000名年轻的航运人才。肯尼亚一直在制定战略以开发蓝色经济的潜力。据估计，如果利用得当，蓝色经济将为经济注入3800亿先令，同时在未来10年内创造5.2万个就业机会。

---

① UNECA，"Africa's Blue Economy：A Policy Handbook"，https：//www. uneca. org/sites/default/files/PublicationFiles/blueeco – policy – handbook_en. pdf.

② "首届可持续蓝色经济会议在肯尼亚举行"，新华社，2018年11月28日，http：//www. gov. cn/xinwen/2018 – 11/28/content_5344198. htm。

目前已经拨出 120 亿先令以促进该国的蓝色经济。① 肯尼亚将蓝色经济发展作为优先事项，于 2017 年成立了总统蓝色经济特别工作组，将可持续利用海洋资源促进经济增长、就业及海洋生态系统的健康发展作为目标。肯尼亚发布的"愿景 2030"中设定了四大议程，即粮食和营养安全、可负担的住房、制造业和全民医疗，蓝色经济成为推动四大议程的重要手段，发展渔业有利于实现粮食和营养安全目标，旅游业、航运业、石油和天然气、水产养殖等行业有助于推动制造业和整体国民经济增长。② 中国是肯尼亚最大的进口来源国，也是最大的外资来源国。"一带一路"倡议实施以来，中肯两国合作势头良好，中国公司在肯尼亚承建的第一个港口项目——由中国路桥公司承建的蒙巴萨港第 19 号泊位于 2013 年 8 月正式启用，极大地提升了东非第一港——蒙巴萨港的吞吐能力；"一带一路"倡议首个非洲项目——连接东非第一大港蒙巴萨港和肯尼亚首都内罗毕的蒙—内铁路于 2017 年 5 月 31 日正式投入试运行。近年来，肯尼亚提出以加强与中国、日本、印度等亚洲国家合作为重点的"向东看"战略，其目的就是要加强与亚太国家在政治、经贸和文化交流等各个领域的合作，而深化同中国的关系是该政策的核心内容之一。③

三、坦桑尼亚

坦桑尼亚位于非洲东部、赤道以南，北与肯尼亚和乌干达交界，南与赞比亚、马拉维、莫桑比克接壤，西与卢旺达、布隆迪和刚果

---

① "该国计划每年培养 2000 名航运人才"，腾讯网，2021 年 10 月 2 日。

② UN, "Innovation for a Sustainable Ocean amid the COVID – 19 Pandemic：Impacts on Kenya's Marine and Coastal Environment", https：//www. un. org/en/un – chronicle/innovation – sustainable – ocean – amid – covid – 19 – pandemic – impacts – kenya%E2%80%99s – marine – and – coastal.

③ 徐静静、谭攻克："21 世纪海上丝绸之路战略构架下中国—肯尼亚海洋合作之探讨"，《海洋开发与管理》，2018 年第 5 期，第 11 页。

（金）为邻，东濒印度洋。坦桑尼亚物产丰富，资源富集，拥有 6.4 万平方千米的印度洋领海水域、22.3 万平方千米的专属经济区以及 5.8 万平方千米的淡水湖面。已探明的主要矿产和油气资源有钻石、黄金、煤、铁、磷酸盐、钕镨稀土、天然气、氦气等，目前除黄金、钛、镍、天然气等资源已进行较大规模开发外，其他矿藏尚待充分开发。坦桑尼亚旅游资源丰富，三分之一国土为国家公园、动物和森林保护区，非洲三大湖泊维多利亚湖、坦噶尼喀湖和尼亚萨湖（马拉维湖）均在边境线上，非洲第一高峰——乞力马扎罗山世界闻名。目前，在坦桑尼亚注册的中资企业接近 700 家，主要从事工程承包、投资以及双边援助项目。从存量看，中国是坦桑尼亚第一大贸易伙伴、第一大外资来源国和最大的承包工程方。受坦桑尼亚当前投资环境恶化的影响，中资企业投资项目数量有所减少。目前中国在坦桑尼亚投资以经营或跟踪多年的项目为主，涉及矿业、制造业、加工业、基础设施建设、房地产开发、农业、贸易、物流等领域。中方投资项目主要包括剑麻农场、现代农业产业园、陶瓷厂、钢铁厂、水泥厂、大型房地产开发项目等。①

四、科摩罗

科摩罗位于印度洋西南部，非洲大陆与马达加斯加之间，由 4 个火山岛组成，面积 2236 平方千米，人口 80 万。科摩罗自然风光秀美，民风淳朴，盛产丁香、香草和依兰等香料，被誉为"月亮之国"和"香料之国"。中国是第一个承认科摩罗独立的国家。自 1975 年 11 月 13 日建交以来，两国始终相互尊重，相互支持，成为

---

① 中国商务部国际贸易经济合作研究院、中国驻坦桑尼亚大使馆经济商务处、中国商务部对外投资和经济合作司：《对外投资合作国别（地区）指南：坦桑尼亚》（2020 年版），2020 年，http：//www. mofcom. gov. cn/dl/gbdqzn/upload/tansangniya. pdf。

好朋友和好伙伴。近年来，双方在政治、经贸、能源、通信、安全、医疗卫生、广播电视、文化教育和交通运输等领域的交流与合作成果丰硕，呈现出多层次、宽领域、全方位发展的良好局面。科摩罗系最不发达国家之一，经济基础薄弱，基础设施落后，经济发展依赖援助，水电供应不足。除电信外，其他领域盈利状况不佳。科摩罗57.4%的劳动力从事与农业相关的职业。由于农业和加工业都比较落后，粮食不能自给，大部分生活物资依靠进口。丁香、依兰和香草等香料为主要出口创汇产品。2017年初阿扎利总统提出"2030新兴国家"发展战略，在加强交通、电力基础设施建设的同时，致力发展旅游、能源、农业、渔业等领域，并积极寻求国际合作伙伴。总体看，经济略有起色，处于低速增长中，经济基础薄弱与内生动力不足仍是制约其经济发展的瓶颈。①

五、莫桑比克

莫桑比克位于非洲东南部，南邻南非、斯威士兰，西界津巴布韦、赞比亚、马拉维，北接坦桑尼亚，东临印度洋，隔莫桑比克海峡与马达加斯加相望，是东南部非洲内陆国家重要出海口和区域性交通走廊，是"21世纪海上丝绸之路"在非洲的自然延伸。国土面积近80万平方千米，海岸线长2630千米，②矿产和自然资源非常丰富。莫桑比克于1992年结束内战后，政局基本稳定。莫桑比克政府

---

① 中国商务部国际贸易经济合作研究院、中国驻科摩罗大使馆经济商务处、中国商务部对外投资和经济合作司：《对外投资合作国别（地区）指南：科摩罗》（2020年版），2020年，http：//www.mofcom.gov.cn/dl/gbdqzn/up-load/kemoluo.pdf。

② 中国商务部国际贸易经济合作研究院、中国驻莫桑比克大使馆经济商务处、中国商务部对外投资和经济合作司：《对外投资合作国别（地区）指南：莫桑比克》（2020年版），http：//www.mofcom.gov.cn/dl/gbdqzn/upload/mo-sangbike.pdf。

高举和平发展旗帜，制定脱贫减困战略，大力调整经济结构，加快基础设施建设，努力改善投资环境，积极扩大对外合作，社会经济平稳快速发展。特别是 2004—2014 年，GDP 连续 10 年保持 7% 以上的增长，使莫桑比克成为同时期非洲发展最快的国家之一。2015 年以来，受国际原材料价格大幅下跌、自然灾害、货币贬值等多种因素影响，莫桑比克经济增长有所放缓，2020 年受疫情影响，莫桑比克经济遭受严重冲击。尽管如此，据国际货币基金组织《撒哈拉以南非洲地区经济展望》显示，莫桑比克仍将是南部非洲唯一保持经济增长的国家。中莫两国传统友好，政治互信、经济互补、民心相亲。2016 年，两国确立全面战略合作伙伴关系，各领域友好交往与合作不断深化，莫桑比克成为中国对非洲开展国际产能合作、能源合作和农业合作的重点国家。中国目前是莫桑比克最大投资来源国、主要贸易伙伴、基础设施项目最主要的融资方和重要的建设者。据莫桑比克投资和出口促进局统计，截至 2019 年底，中资企业在莫桑比克累计非金融类直接投资 19.97 亿美元，涉及能源、农业、矿产、房地产开发、零售业等多个领域，在莫桑比克具有一定规模的中资企业近百家。①

六、马达加斯加

马达加斯加是世界第四大岛，地处印度洋西部和非洲东部航道的中心，是从太平洋、印度洋到非洲大陆的重要支点，也是中非共建"一带一路"的桥梁和纽带。马达加斯加作为西南印度洋上的一颗明珠，资源禀赋突出，发展潜力大。一是矿产资源丰富，拥有石

---

① 中国商务部国际贸易经济合作研究院、中国驻莫桑比克大使馆经济商务处、中国商务部对外投资和经济合作司：《对外投资合作国别（地区）指南：莫桑比克》（2020 年版），2020 年，http：//www.mofcom.gov.cn/dl/gbdqzn/up-load/mosangbike.pdf。

墨、镍钴、钛铁、铝矾土、石英、黄金、煤、油气等，还有宝石、半宝石资源及大理石、花岗岩和动植物化石等；二是土地肥沃，气候适宜，适合多种经济作物生长，盛产甘蔗、香草、丁香、胡椒、咖啡、可可、棉花、花生等；三是沿海及河流、湖泊盛产鱼虾、海参、螃蟹；四是森林资源多样，珍稀动植物种类繁多，一些动植物为马达加斯加独有；五是全岛海岸线长，风光旖旎，岛内地形起伏，生态环境独特；六是亚非欧多元文化交融共生，传统工艺特色鲜明；七是人口结构年轻，劳动力资源优势明显。马达加斯加为首批同中国签订共建"一带一路"合作文件的非洲国家。2017 年，中马建立全面合作伙伴关系。中马双边经贸合作卓有成效。多年来，按照"平等互利、讲求实效、形式多样、共同发展"的方针，中国为马达加斯加援建了国家 2 号公路、体育馆、国际会议中心、综合医院等项目，探讨和建设公路、电站、光缆等项目，为优化当地基础设施条件、促进经济、改善民生、发展文体事业发挥了积极作用。在全球贸易增长乏力背景下，2019 年中马双边货物贸易逆势增长 5.5%，达 12.8 亿美元，其中对马达加斯加出口 10.7 亿美元，自马达加斯加进口 2.1 亿美元。中国自 2015 年起一直为马达加斯加最大贸易伙伴和最大进口来源地，2019 年成为马达加斯加第三大出口目的地。2019 年，中国企业在马达加斯加新签承包工程合同额 9.23 亿美元，完成营业额 1.15 亿美元；对马达加斯加直接投资流量 2189 万美元，截至 2018 年末在马达加斯加投资存量 8.03 亿美元，主要涉及采矿、贸易、轻纺、房地产、建材、渔业等领域。①

---

① 中国商务部国际贸易经济合作研究院、中国驻马达加斯加大使馆经济商务处、中国商务部对外投资和经济合作司：《对外投资合作国别（地区）指南：马达加斯加》（2020 年版），2020 年，http：//www.mofcom.gov.cn/dl/gbdqzn/up-load/madajiasijia.pdf。

七、毛里求斯

毛里求斯位于非洲大陆以东、印度洋西南部，包括本岛及罗德里格岛等属岛，是一个被人们称为"天堂岛"的美丽海岛国家。毛里求斯政局长期稳定，社会安宁，多民族和谐相处。自 1968 年独立以来，尤其是 20 世纪 80 年代以来，毛里求斯经济长期保持稳定发展，制糖业、纺织服装加工业和旅游业是毛里求斯经济传统的三大支柱产业。近年来，毛里求斯经济保持平稳增长，政府努力推动经济转型和产业升级，积极促进金融业、信息通信业等新兴行业的发展，着力培育新的经济增长点。毛里求斯希望凭借自身地理、政策和环境的优势，努力将本国打造成连接亚洲和非洲大陆的桥梁。2019 年 10 月，中毛两国签订了自贸协定，该协定是中国与非洲国家签订的第一个自贸协定。①

毛里求斯拥有 230 万平方千米的专属经济区，是其土地面积的 1500 倍。在过去的几十年里，该国将其重点从陆地资源经济转移到海洋资源经济，同时将甘蔗种植和纺织等传统经济来源保持在最佳水平。毛里求斯于 2013 年发布了《海洋经济路线图》，旨在通过对海洋资源的可持续利用来推动蓝色经济发展，目标是到 2025 年蓝色经济产值对国民经济的贡献率翻一番。② 2015 年，毛里求斯启动了"实现第二次经济奇迹和 2030 愿景"，计划将海洋产业和港口服务作

---

① 中国商务部国际贸易经济合作研究院、中国驻毛里求斯大使馆经济商务处、中国商务部对外投资和经济合作司：《对外投资合作国别（地区）指南：毛里求斯》（2020 年版），2020 年，http：//www. mofcom. gov. cn/dl/gbdqzn/up-load/maoliqiusi. pdf。

② Raffaello Cervigni and Pasquale Lucio Scandizzo, "The Ocean Economy in Mauritius：Making It Happen, Making It Last", World Bank Group, November 2017, http：//openknowledge. worldbank. org/bitstream/handle/10986/28562/120633app. pdf？ sequence = 8&isAllowed = y.

为产业振兴的关键。在海洋产业方面，该国提出发挥专属经济区优势，兴建捕鱼和海鲜加工设施，将自身打造成本区域渔业中心。为此，该国专门成立了国家海洋委员会，推动有关项目的落实。在港口服务方面，毛里求斯提出应利用地缘优势，发展对非洲大陆的转运和港口服务；打造区域石油仓储基地，为来往船只提供燃料补给；实施港口发展总体规划，使路易港港口货物吞吐量翻一番；发展邮轮停靠及相关配套服务。该计划还规划了相关项目来吸引投资、促进就业，规划蓝色经济在 5 年内为该国创造 2.5 万个就业岗位。[1] 毛里求斯关注海洋自然资源可持续发展，为保护鱼类资源，政府承诺定期进行鱼类资源评估，更好地管理和保护龙虾、鱿鱼和其他小型商业远洋鱼类；承诺对鱼类加工业实施更多管制措施，避免过大投入对鱼类资源造成压力。为了成为蓝色经济的模范国家，毛里求斯正在致力于主要行业多元化，例如可再生能源、碳氢化合物勘探和海洋信息与通信技术。毛里求斯的油气和海底矿产资源勘探开发范围正在迎头赶上。马达加斯加和东非水域近海油气矿床的新发现为毛里求斯专属经济区带来了潜在利益。该国《旅游战略规划 2018—2021》提出将毛里求斯打造成为"领先和可持续的岛国目的地"的愿景。[2]

八、塞舌尔

塞舌尔位于非洲大陆东海岸以东 1500 千米的印度洋西侧，由 115 个大小岛屿组成，是典型的小岛型发展中国家。其人口 9.81 万，

---

① "毛里求斯宣布启动'实现第二次经济奇迹和 2030 愿景'计划"，中国驻毛里求斯大使馆经商参处网站，http：//mu. mofcom. gov. cn/article/ddgk/zwjingji/201509/20150901109134. shtml。

② Ministry of Tourism, Republic of Mauritius, "Three Year Strategic Plan 2018 - 2021", https：//www. cabri - sbo. org/uploads/bia/Mauritius_2018_Planning_External_NationalPlan_MinFin_COMESASADC_English. pdf.

人口聚居区和主要经济区马埃岛面积仅 150 平方千米。塞舌尔拥有专属经济区近 140 万平方千米（非洲第二），金枪鱼等渔业资源丰富。塞舌尔全境半数地区为自然保护区，享有"旅游者天堂"的美誉。① 塞舌尔最重要的蓝色经济部门是渔业和旅游业。由于缺乏陆上食品，加之严重依赖从其他国家进口的产品，鱼类仍然是保障这个国家粮食安全的主要方面。2018 年 10 月，塞舌尔启动了全球首个主权"蓝色债券"项目，以支持可持续海洋渔业项目。"蓝色债券"主要由世界银行通过几个投资者提供资金，是一种开创性的金融工具，可利用资本市场为塞舌尔海洋资源的可持续利用提供资金。该债券的收益将包括支持扩大海洋保护区、改善优先渔业治理以及发展塞舌尔的蓝色经济。除了渔业和旅游业，塞舌尔的蓝色经济议程还包括港口及其基础设施的发展、IT 连通性、海洋连通性、水产养殖、可再生能源、海底资源测绘、蓝色生物技术和生态系统保护。

塞舌尔是推动将蓝色经济纳入非洲联盟《2063 年议程》的主要国家之一。2016 年，该国成立了专门的蓝色经济部门来促进蓝色经济的发展；2018 年，出台了《塞舌尔蓝色经济战略政策框架和路线图：规划未来（2018—2030）》，明确了发展愿景、目标和原则，把创造可持续的财富、共享繁荣、保护健康而富有活力的海洋及改善发展环境作为行动与投资优先事项。具体实施计划包括：加强蓝色经济决策透明度和问责制建设；为蓝色经济政策实施制定相应制度安排；加强蓝色经济概念的传播，提高普通民众对蓝色经济的认识；对国内蓝色经济实施情况进行跟踪，

---

① 中国商务部国际贸易经济合作研究院、中国驻塞舌尔大使馆经济商务处、中国商务部对外投资和经济合作司：《对外投资合作国别（地区）指南：塞舌尔》（2020 年版），2020 年，http：//images. sh – itc. net/202106/20210604100923786. pdf。

并定期审查等。① 塞舌尔制定了相应的产业促进政策，确保蓝色经济战略的实施。例如，"2012—2020 年可持续发展战略"确定了旅游业发展原则，确保经济发展与文化、环境保护间的平衡。《旅游总体规划》将海洋旅游纳入总体和连贯框架，定期进行旅游承载力研究，审查旅游人数增长，衡量和评估旅游带来的影响。②

第二节　印度洋非洲地区蓝色经济治理

一、非洲大陆层面的治理框架

（一）政策框架

正如《2063 年议程》所述，非洲大陆和散居海外的非洲人设想到 2063 年使非洲成为"基于包容性增长和可持续发展的繁荣非洲"和一个和平与安全的大陆。③《2050 年非洲海洋综合战略》是非洲领导人制订的路线图，旨在有效利用非洲的海洋空间来实现议程中提出的愿望。它的采用是朝着释放非洲海上经济潜力迈出的富有成效的一步。其战略目标包括：建立联合专属海区；让民间社会和所有其他利益有关方参与进来，以提高对海洋问题的认识；增强社区、

---

① Republic of Seychelles, "Seychelle's Blue Economy: Strategic Policy Framework and Roadmap Charting the Future (2018 – 2030)", http: //www. seychellesconsulate. org. hk/download/Blue_Economy_Road_Map. pdf.

② Seychelles Ministry of Tourism, Civil Aviation, Ports and Marine, "Tourism Master Plan Destination 2023", http: //www. tourism. gov. sc/lib/TOURISM _ MASTER_PLAN_PART_2_TOURISM_SECTOR_STRATEGY_DESTINATION_2023. pdf.

③ AU, "Agenda 2063: The Africa We Want", https: //au. int/sites/default/files/documents/33126 – doc – 06_the_vision. pdf.

国家、区域和大陆层面的政治意愿；确保海上运输体系的安全；最大限度地减少环境破坏并加快从灾难事件中恢复。根据其目标，《2050年非洲海洋综合战略》概述了其战略行动框架。也就是说，它阐明了实施这一战略所必须的活动和成果。这些活动包括：（1）建立联合专属海区以促进非洲内部贸易；（2）联合专属海区建立后对鱼类资源进行可持续管理；（3）为海事部门制定综合人力资源战略，对技能提供支持，同时考虑整个海事链条中的性别平衡，包括航运和物流、海上活动、渔业、旅游和娱乐、安全保护等；（4）根据《联合国海洋法公约》，利用非洲联盟边界方案和平解决现有的海洋边界争端，并鼓励各国对其海洋空间的主张，包括扩展大陆架的主张；（5）改善环境犯罪、环境和生物多样性监测、船旗国和港口国控制、海洋空间规划、海盗和海上武装抢劫等领域的海事治理；（6）从非洲海洋领域创造财富，以获取经济利益并促进可持续的社会发展；（7）改善海上贸易和竞争力，其中包括改进现有港口系统以改善贸易。①

（二）法律框架

1. 《建立非洲经济共同体条约》

1991年《建立非洲经济共同体条约》已得到环印联盟大多数非洲成员国的批准。该条约体现了非洲国家及其领导人在经济上整合非洲大陆的雄心，从而实现自力更生和获取更大的经济机会。因此，非洲经济共同体的目标不仅体现了非洲领导人的愿景，还体现了蓝色经济的概念。非洲经济共同体的目标包括促进经济、社会和文化发展以及整合非洲经济，以提高经济自力更生并促进内生和自我维持的发展；促进各领域的合作，以提高非洲人民的生活水平，维持

---

① Siqhamo Yamkela Ntola and Patrick Vrancken, "African Governance Perspectives of the Blue Economy in the Indian Ocean Rim", in Vishva Nath Attri and Narnia Bohler-Muller (eds.), *The Blue Economy Handbook of the Indian Ocean Region*, Africa Institute of South Africa, 2018, pp. 149-150.

和加强经济稳定，促进成员国之间的密切和平关系，并为非洲大陆的进步、发展和经济一体化做出贡献；协调现有和未来经济共同体之间的政策以促进共同体的逐步建立。《建立非洲经济共同体条约》将区域经济共同体确定为实现非洲经济共同体目标的重要工具，加强现有的和建立新的区域经济共同体被列为优先事项。此外，《建立非洲经济共同体条约》第 28 条第 2 款指示成员国采取一切必要措施，以逐步促进社区之间日益密切的合作，特别是通过协调它们在所有领域或部门的活动，以确保实现共同体的目标。确定进行协调和统一的领域包括粮食和农业（其中涉及发展渔业以确保粮食安全），科学、技术、能源、自然资源和环境，以及交通和旅游。《建立非洲经济共同体条约》是非洲发展框架的重要支柱，其规定与非洲联盟的创始文书——2000 年的《非洲联盟宪法》产生共鸣。①

2. 《非洲联盟宪法》

在通过《非洲联盟组织法》之前，《苏尔特宣言》是非洲统一组织于 1999 年 9 月 9 日在利比亚苏尔特举行的非洲统一组织国家元首和政府首脑大会第四届特别会议上通过的决议。召开会议的目的是讨论如何使非洲统一组织更加有效，以便跟上非洲大陆内外政治、经济和社会发展步伐。事实上，建立非洲联盟被视为非洲对全球化现象的集体反应，因此需要在国际事务中重新定位非洲统一组织，重新定位其目标并建立一个新的机制，以重振非洲一体化项目。如上所述，在重振当时的非洲统一组织以建立非洲联盟时，缔约国依靠了《建立非洲经济共同体条约》的原则和目标。特别是在经济一体化方面，《建立非洲经济共同体条约》与现有的非洲联盟框架相呼应。在这方面《非洲联盟宪法》着手通过现有和未来区域经济共同

---

① Siqhamo Yamkela Ntola and Patrick Vrancken, "African Governance Perspectives of the Blue Economy in the Indian Ocean Rim", in Vishva Nath Attri and Narnia Bohler – Muller (eds.), *The Blue Economy Handbook of the Indian Ocean Region*, Africa Institute of South Africa, 2018, pp. 150 – 151.

体之间的政策协调来整合非洲经济。以《2050 年非洲海洋综合战略》所设想的方式发展蓝色经济，将有助于实现《建立非洲经济共同体条约》和《非洲联盟宪法》中概述的目标。

3. 《非洲海运宪章》

2009 年《非洲海运宪章》是在负责海运事务的非洲各国部长第一次会议之后通过的。该宪章是对 1994 年文书的修订，其目的是在非洲国家之间以及非洲和其他洲国家之间提供一个合作框架，以改善非洲海运业状况不佳的状态。《非洲海运宪章》指示非洲联盟建立一个大陆范围的单位，对海运和港口业务的区域合作进行协调，以及由成员国建立非洲海事管理协会。该宪章指示成员在执行海上运输、内河航道和港口运营领域的相关立法方面进行合作。成员国还承诺建立一个高效的海上通信网络，以便最好地利用海上控制、跟踪和干预机制，确保更好地组织海上交通。此外，成员国在努力创建一个战略框架，以鼓励信息交流，加强可以改善安全和预防系统的措施，并打击海上的非法行为。迄今为止，在环印联盟的非洲成员国中，只有肯尼亚和毛里求斯批准了该宪章。

4. 《洛美海上安全宪章》

2016 年 10 月 15 日，非洲国家元首和政府首脑通过了《非洲联盟关于海事安全、防卫与发展的宪章》，亦称《洛美海上安全宪章》。该宪章旨在巩固非洲对其海洋和水道进行高效和有效管理的承诺，以确保对这些关键资源进行可持续、公平和有益的勘探。宪章涵盖：（1）在受缔约国管辖的范围内预防和控制所有海上跨国犯罪，包括恐怖主义、海盗、武装劫掠船舶、贩毒、偷运移民、贩运人口和所有其他类型的贩运、IUU 捕捞、防止海上污染和其他海上非法行为；（2）防止或尽量减少由船舶或船员造成的海上事故或旨在促进安全航行的所有措施；（3）可持续开发海洋资源和优化海洋相关部门发展机会的所有措施。根据其范围，该宪章规定了预防和打击海上犯罪的措施，其中包括各缔约国承诺组织海上行动并发展保护其海域的能力，以及协调国家法律以符合相关的国际法律文书，包括《联合国海洋法公约》《国际海上人命安全公约》和 2005 年《制止危及海上航行安全非法行为公约的议定书》。该宪章着力于推进非洲海洋治理。在促进蓝色经济发展方面，它提出各缔约国应加强海洋领域开发；促进渔业发展；推动海洋旅游业来创造就业和增加收入；制定海洋发展综合人力资源战略；鼓励建立和发展非洲海运公司，创造有利的发展环境，将跨非洲海运列为投资优先事项，以此提高非洲海洋产业竞争力；加强海洋基础设施建设；保护海洋环境；各缔约国还应加强相互合作，共同开发领海内的海洋资源。与《2050 年非洲海洋综合战略》相比，该宪章更强调国家责任，要求非洲各国政府具有高度的政治意愿，提高海洋治理能力。①

二、区域层面的治理框架

（一）区域文书

《内罗毕公约》是在联合国环境规划署区域海洋计划的主持下通过的。该计划的目标是通过在区域层面制定条约以及规则和标准来保护世界海洋的健康。该计划被认为是一项面向行动的方案，包括对海洋和沿海地区以及环境问题采取全面、跨部门的方法，不仅考虑后果，而且考虑环境退化的原因。目前，有 18 个区域计划，其中包括东非区域，即《内罗毕公约》适用的区域。环印联盟的所有非洲成员国都是《内罗毕公约》的缔约方。该公约要求缔约方单独或共同采取一切符合国际法的适当措施，按照公约及其议定书的规定，防止、减少和防治公约地区的污染，并确保对公约地区自然资源和环境进行健全的管理，为此目的，根据它们的能力使用它们掌握的

---

① AU, "African Charter on Maritime Security Safety and Development in Africa", https：//au. int/sites/default/files/treaties/37286 – treaty – african_charter_on_ maritime_security. pdf.

最佳可行手段。公约还规定了应适用此类措施的污染源，即船舶污染、倾倒行为、陆源活动、海底活动、空气污染、危险废物越境转移造成的污染，以及工程活动对环境的破坏。此外，缔约方必须合作制定和通过议定书，以促进公约的有效实施。目前仅通过了两个议定书，即 1985 年的《东非地区紧急情况下合作防治海洋污染议定书》和 1985 年的《东非地区保护区和野生动植物议定书》。[①]

1998 年印度洋地区《港口国管制谅解备忘录》中的港口国管制是港口国检查员在其他国家港口检查外国船舶的制度。此类检查的目的是确保遵守国际文书，例如：1974 年的《国际海上人命安全公约》、1973 年的《国际防止船舶造成污染公约》、1978 年的《海员培训、发证和值班标准国际公约》、2006 年的《海事劳工公约》。该制度通常涉及海上航行安全、船上安全的劳动条件和海洋环境保护。该制度已被证明是有效的，从而提高了检查计划的效率。因此，国际海事组织于 1991 年通过了一项决议，以谅解备忘录的形式促进位于或参与特定区域的国家的海事当局之间的区域合作与协调。各国海事当局之间缔结这些协议意味着由此产生的义务使国际航运法规生效。印度洋关于港口国管制的谅解备忘录就是这样一项协议。根据《港口国管制谅解备忘录》，除马达加斯加、塞舌尔和索马里的海事当局外，其余环印联盟非洲成员国的当局已承诺在特定的时间范围内对一定比例的访问其港口的船只进行检查。当局应确保船员和船舶的整体状况、设备、机器处所及船上的起居和卫生条件符合相关文书的规定。

（二）区域经济共同体

如前所述，区域经济共同体是实现非洲经济共同体的重要工具。区域经济共同体是由国家集团建立的政府间组织，旨在促进更牢固的经济联合和合作。正如其创始文书所指出的那样，非洲成员国加

---

① https://www.unep.org/nairobiconvention/.

入的区域经济共同体寻求通过在能源、自然资源、贸易、运输和旅游等领域的合作来促进经济和社会经济发展。东非共同体和南部非洲发展共同体所做的远非在其文书中阐明目标。例如，东非共同体采用了"2050 年愿景"，阐明了东非共同体所期望的未来最终状态。"2050 年愿景"提供了一个架构，东非共同体围绕该架构集中精力促进经济和社会发展，将其条约中强调的合作领域确定为支柱，例如基础设施开发，其中包括海事和港口发展、粮食安全以及环境和自然资源管理。南部非洲发展共同体要求其成员国在每个合作领域缔结议定书，其中阐明合作和一体化的目标、范围以及体制机制。南部非洲发展共同体成员国已经缔结了关于能源、渔业、采矿、旅游、贸易和野生动物保护的协议。事实上，区域经济共同体的区域治理框架足够广泛，可涵盖各个区域的蓝色经济发展。南部非洲发展共同体官员甚至确认蓝色经济的目标与其发展的优先事项一致，并呼吁该地区将其计划和战略与蓝色经济的理想相结合，以便使该区域从实现海洋资源的可持续开发和利用模式中获得最大利益。①

三、国家层面的治理观点

在国家层面，毛里求斯、塞舌尔和南非是环印联盟的非洲成员国，在采用和实施有利于蓝色经济发展的国内治理方面取得了较大进展。其他非洲国家已表示希望朝着同一方向前进。例如，肯尼亚表示，渔业管理是其首要优先事项之一，它力求根据《解决环印度洋地区渔业资源可持续管理和开发问题的区域战略》发展在专属经济区捕鱼的能力。马达加斯加将旅游业确定为经济发展的基石，索

---

① Joseph Ngwawi, "Blue Economy: Alternative Development Paradigm for SADC", *SADC Today*, Vol. 16, No. 2, February 2014, http://www.sardc.net/en/wp-content/uploads/SAT-March14-Eng.pdf.

马里强调海上安全和安保对于有效贸易和投资便利化、渔业管理、旅游和文化交流的重要性。事实上，在此后一段时期，索马里及其合作伙伴成功地减少了索马里沿海的海盗袭击。

毛里求斯发展海洋经济的承诺体现在其"2015—2019年政府计划"中，该计划旨在通过将海洋经济作为其主要支柱之一，将毛里求斯转变为海洋国家。毛里求斯海洋经济确定的主要投资机会包括海底碳氢化合物和矿物勘探、渔业、深海应用、海港相关活动、海洋可再生能源和海洋知识。毛里求斯还与塞舌尔就马斯卡林高原地区的扩展大陆架区域签订了联合开发协议。该协议是在毛里求斯和塞舌尔向大陆架界限委员会联合提交关于200海里以外大陆架声明之后达成的。毛里求斯和塞舌尔承诺共同控制、管理和促进大陆架的勘探以及自然资源的保护和开发。

正如上述与毛里求斯的联合开发协议所证明的那样，塞舌尔已经接受了蓝色经济的概念，将其作为实现基于海洋经济的可持续经济发展的机制。塞舌尔有一个专门机构来制订和实施国家蓝色经济路线图，该路线图将引导其走向经济多样化、创造就业机会和实现粮食安全，同时可持续地管理海洋环境。该机构将加强建设地方能力，增强科学理解，为地方和国际保护及可持续发展做出贡献。

发展海洋经济被认为是加快实施南非发展计划的关键。因此，2014年，南非发起了"帕基萨行动"，该行动旨在通过发展水产养殖、运输和制造业以及近海石油和天然气等领域来释放南非的海洋经济。海洋保护服务和海洋治理被确定为确保环境和经济可持续性的重要支柱，从而与蓝色经济前景保持一致。"帕基萨行动"允许对特定的蓝色经济干预区域进行评估和优先排序。它的目标非常具体，侧重于实现国家发展目标，其具体成果集中在确保包容性、参与性、创造就业、增值以及与工业化的联系，特别是在水产养殖部门。关于后者，南非在加强该部门的治理框架方面采取了果断行动，2017年2月公布的水产养殖法案征求公众意见就是证明。南非还发布了海洋空间规划法案草案，旨在为其水域制定海洋空间规划，并管理多个部门对海洋的使用。为了在其法律和政策以及现有规划制度的背景下开展海洋空间规划提供高水平的指导，南非于 2017 年 8 月发布了海洋空间规划框架草案以征询公众意见。①

佛得角于 2015 年出台了《蓝色增长促进宪章》，旨在实施与蓝色经济相关的公共政策，促进其与各部门协调一致，以此推动海洋和沿海地区可持续发展，最大限度地减少环境退化、生物多样性丧失和海洋资源衰竭，提高经济和社会效益。对渔业、贸易和粮食安全、环境、海洋生态旅游、海运港口发展、城市发展及海滨责任化管理、科学服务及研究、海洋安全等八个领域提出了预期发展目标。

四、中国与印度洋非洲地区蓝色经济合作

非洲共有 54 个国家，其中 34 个国家和地区濒临海洋，6 个海岛国家和地区，拥有漫长的海岸线和辽阔的海域，其海洋能力建设也显得尤为重要。中国正致力于推动"一带一路"倡议，其目标之一就是与"21 世纪海上丝绸之路"沿岸国包括非洲国家分享共同发展的成果。

（一）蓝色经济合作框架

联合国教育、科学及文化组织政府间海洋学委员会认识到，提高发展中国家的能力建设对于海洋资源的保护和可持续利用具有重要作用，并提出海洋能力发展是其核心任务之一。非洲分委会作为负责非洲海洋事务的机构，也在积极寻求有效的办法，以提升非洲

① Siqhamo Yamkela Ntola and Patrick Vrancken, "African Governance Perspectives of the Blue Economy in the Indian Ocean Rim", in Vishva Nath Attri and Narnia Bohler - Muller (eds.), *The Blue Economy Handbook of the Indian Ocean Region*, Africa Institute of South Africa, 2018, pp. 155 – 157.

国家的海洋能力建设。2013 年 6 月，中国国家海洋局代表在第二十七届政府间海洋学委员会会议上表达了中国愿意积极响应其提出的增强非洲能力建设作为优先领域的倡议，得到非洲分委会的欢迎。2013 年，中国和南非签署了《海洋与海岸带领域合作谅解备忘录》，并举办了中南海洋领域合作联委会，努力将中国与南非双边的海洋合作扩大为中非之间的合作，并共同关注和参与第二次国际印度洋考察等重大国际海洋计划。① 2015 年，中国政府发布的《中国对非洲政策文件》明确指出，中国将拓展与非洲在蓝色经济领域的合作，支持非洲主要海洋产业能力建设，帮助非洲国家因地制宜开展海洋经济开发，促使其成为中非合作新的增长点。② 2015 年 12 月，中非合作论坛约翰内斯堡峰会通过了《中非合作论坛约翰内斯堡峰会宣言》和《中非合作论坛——约翰内斯堡行动计划（2016—2018）》。中非在海洋经济领域达成共识，指出在海洋环境管理、海洋防灾减灾、海洋科学研究、蓝色经济发展等方面与非洲国家加强交流合作，开展能力建设，积极探讨共建海洋观测站、实验室、合作中心的可行性。这在国家层面为中非海洋领域合作明确了具体方向。2017 年，在第七届中非合作论坛发布的《中非合作论坛——北京行动计划（2019—2021）》中，提出了中非蓝色经济合作的若干重点领域和实施措施。结合中国 2035 年愿景目标、联合国 2030 年可持续发展议程、非洲联盟《2063 年议程》及非洲各国发展战略，中非双方于2021 年共同制定了《中非合作 2035 年愿景》，确立中长期合作方向和目标，推动构建更加紧密的中非命运共同体。其中蓝色经济被视为中非共同构建增长新格局和实现中非产业共促的新增长点。中非将在海洋资源增值和可持续利用方面开展广泛合作，支持非洲在做

---

① 洪丽莎、曾江宁、毛洋洋："中国对推进非洲海洋领域能力建设的进展情况分析及发展建议"，《海洋开发与管理》，2017 年第 1 期，第 26—29 页。

② 《中国对非洲政策文件》，2015 年 12 月，http：//www. scio. gov. cn/xwf-bh/xwbfbh/wqfbh/44687/46704/xgzc46710/Document/1711782/1711782. htm。

好海洋生态保护的基础上合理开发利用海洋资源，发展临港经济，建设海洋经济特区或蓝色经济园区，引导海洋产业集聚，打造区域发展极。①当地时间 2021 年 11 月 29—30 日，中非合作论坛第八届部长级会议在塞内加尔首都达喀尔举行，会议通过了《中非合作论坛——达喀尔行动计划（2022—2024）》，其中有关海洋合作的部分指出：中方将继续在国际海事组织技术合作框架下提供资金和技术援助，帮助非洲国家培养海运人才和加强能力建设，促进海运业可持续发展；中方将为非洲国家海洋产业相关规划提供技术援助和支持，支持非洲国家推进港口信息化建设，促进蓝色经济合作；中方将与非洲国家在海洋科研调查、海洋观测及监测、海洋生态环境保护、南极研究与后勤保障等领域合作；中方将继续加强在近海水产养殖、海洋运输、船舶修造、海上风电、海上信息服务、海上安全等方面的交流与合作；中方支持非方加强海上执法和海洋环境保障能力建设，提升海洋渔业管理能力，为海洋资源开发与合作创造良好安全环境；双方将推进建立信息交流机制，加强信息通报交换情况沟通，共同打击 IUU 捕捞行为。② 上述文件成为中非共建海上丝绸之路的总体框架和要求。近年来，中非双方已在港口、海洋渔业、海洋科技等方面开展了诸多卓有成效的务实合作，为未来继续深化合作奠定了基础。

（二）中非渔业合作

非洲是中国最早开展远洋渔业合作的地区。早在 1984 年，中国就与几内亚比绍签署了政府间渔业合作协定，拉开了中非渔业合作的序幕。之后，中国又与毛里塔尼亚、几内亚等国签署了政府间渔

---

① 《中非合作 2035 年愿景》，2021 年 12 月，http：//mg. china - embassy. org/sbyw/202112/t20211208_10464285. htm。

② 《中非合作论坛——达喀尔行动计划（2022—2024）》，2021 年 12 月，https：//www. thepaper. cn/newsDetail_forward_15692854。

业合作协定。至今，中国已与近 20 个非洲国家开展了渔业合作。欧盟虽然是最主要的非洲渔业参与者，但欧盟企业较少进行固定资产投资。中资渔业企业除了进行海洋捕捞外，还在当地投资冷库、码头、加工厂等，逐步形成具有一定规模的渔业产业链，对当地就业和经济社会发展起到了促进作用。为继续推进渔业合作，2012 年中非渔业联盟成立。该联盟是在中非工业合作发展论坛和各非洲驻华使馆的支持和协助下成立的，是以开发中非海洋渔业资源，发展中非渔业贸易往来，促进中非海洋渔业合作交流为主旨的国际商贸平台。该联盟的成立将带动中非海洋鱼类产品贸易的交易合作，提高非洲国家海洋商业捕捞、加工、运输技术的提高和发展，为中非渔业贸易往来创建专门的通道。中方以信贷方式向合资公司提供捕捞渔船，对方以捕鱼许可证入股，由合资公司分期偿还购船本息。这样的合作方式可以为当地创造大量就业机会，同时还雇佣当地大批船员，培养了一大批工业捕鱼专业人才，还带动当地仓储、运输、服务等服务业的发展。

（三）中非海洋科技合作

海洋科技合作是中非海洋领域合作的重要内容。2012 年，中国—尼日利亚西部大陆边缘地球科学联合调查成行。2013 年，首届中非海洋科技论坛在中国举办，双方拟在海洋观测、预报、防灾减灾、海洋科学调查与研究、蓝色经济和能力建设等领域加强合作。此后，双方又于 2015 年和 2017 年两次召开中非海洋科技论坛，形成了机制化海洋科技交流与合作平台。2013 年，中国与南非签署了《海洋与海岸带领域合作谅解备忘录》，提出加强海洋与海岸带综合管理、海洋观测与预测等工作，并于 2014 年召开了首届中国—南非海洋科技研讨会。2013 年，中国与坦桑尼亚的桑给巴尔签署了"海洋领域合作谅解备忘录"，2015 年双方成立了中非间首个联合海洋研究中心。2016 年，首届中国—莫桑比克海洋科学论坛召开。同年，中国—莫桑比克和中国—塞舌尔大陆边缘海洋地球科学联合调查成功实施。2018 年，中国与塞舌尔正式建立蓝色伙伴关系，以强化海洋科学研究、海洋经济、海洋生态保护和修复合作。①

　　总体来看，虽然蓝色经济在中非发展合作中受到越来越多的重视，但目前在中非蓝色经济高质量发展方面尚存在诸多有待改进之处。首先，双方在合作领域方面主要集中于传统的海运、港口和海洋渔业，而在海洋工程、船舶制造、新能源开发等领域鲜有合作。其次，中非之间尚缺乏有效的蓝色经济合作机制。除了塞舌尔、南非、肯尼亚和佛得角等少数几个国家之外，中国与绝大多数非洲国家尚未形成机制化合作。在多边层面，至今尚未形成中非合作论坛下的中非蓝色经济合作机制。最后，近年来，非洲国家在海洋生态保护、海洋科技、海洋教育等领域表现出强烈的合作需求与愿望，但各类中资机构对非洲国家的相关需求关注不够、挖掘不足，未能充分发挥中国在有关领域的比较优势。

---

　　① 张春宇："蓝色经济赋能中非'海上丝路'高质量发展：内在机理与实践路径"，《西亚非洲》，2021 年第 1 期，第 91 页。

第三篇

重点议题

第九章 印度洋蓝色经济
开发中的环印度洋联盟

蓝色经济被公认为创造就业、粮食安全、减贫及确保印度洋商业和经济模式可持续性的重中之重，从而吸引了所有环印联盟成员国的关注。这些成员国致力于建立一个共同愿景，从而使其成为印度洋沿岸地区经济平衡发展的驱动力。2014年，环印联盟基于对蓝色经济存在的巨大经济利益与发展潜能的认知，开始将蓝色经济作为联盟发展的重要议题。此后，蓝色经济成为环印联盟的一项重要议程设置。[①] 环印联盟蓝色经济开发的目标是在印度洋地区的海洋经济中促进可持续性和包容性的增长和就业机会。环印联盟在蓝色经济领域决心启动适当的计划以进行：海洋资源的可持续利用；研究与开发；发展海洋学的相关部门；海洋资源存量评估；引进水产养殖、深海/长线捕鱼和生物技术；人力资源开发等。2014年10月9日，在澳大利亚珀斯举行的第十四届环印联盟部长级会议上，这一重点领域得到了认可。自2014年以来，环印联盟已经开展了几项能力建设计划，涵盖了广泛的领域，其中包括：海产品的安全和质量，海产品处理、捕捞后加工及水产养殖产品的储存，银行业和手工渔业，渔业资源的可持续管理和开发，鱼品贸易，海港和航运，海上连通性，港口管理和运营，海洋空间规划，海洋预报和观测站，蓝碳，可再生能源。

---

① 李次园："环印度洋联盟蓝色经济发展初探"，《国际研究参考》，2018年第4期，第27页。

第一届环印联盟部长级蓝色经济会议于 2015 年 9 月 2 日至 3 日在毛里求斯举行,会上通过了《蓝色经济宣言》。该宣言反映了全球趋势,旨在利用海洋和海洋资源来推动经济增长、创造就业和创新,同时维护可持续性和环境保护。印尼于 2017 年 5 月 8—10 日在雅加达主办了关于"为蓝色经济融资"的第二届环印联盟部长级蓝色经济会议,会上通过了《蓝色经济雅加达宣言》,旨在优化环印度洋地区现有金融工具的使用,促进成员国蓝色经济的发展。该宣言还强调了需要创新的融资机制并加强公共和私营部门以及对话伙伴之间的合作。预计随着蓝色经济工作组的成立,环印联盟的蓝色经济开发将得到进一步加强,并将成为未来几年环印联盟议程中的首要任务。蓝色经济工作组的成立源于 2017 年 3 月 5—7 日在印尼雅加达举行的领导人峰会上通过的《2017—2021 年环印联盟行动计划》。此次会议还通过了《雅加达协约》,重申了环印联盟将致力于促进该地区蓝色经济发展,将其作为包容性经济增长、创造就业机会和教育的主要来源,对海洋资源进行基于循证的可持续管理。环印联盟秘书处根据部长理事会会议的建议并经秘书处与成员国协商修订后,确定了蓝色经济中的六个优先支柱:渔业,可再生海洋能源,海港和航运,近海碳氢化合物和海底矿物,海洋生物技术、研究与开发,旅游。为了分析成员国在蓝色经济不同领域的状况和评估其需求,秘书处汇编了四个重点领域的信息,即渔业、海洋可再生能源、海港和航运、近海碳氢化合物和海底矿物。

第一节　环印度洋联盟框架下的渔业

渔业是印度洋的主要资源之一,为数亿人提供食物,并为沿海社区的生计做出重大贡献。渔业部门在促进粮食安全、扶贫和创造就业方面发挥着重要作用,同时也带来了巨大的商机。然而,据估

计，印度洋 441 个种群中有 47% 被充分开发，18% 被过度开发，9%
已耗尽，1% 正在恢复。[①] 海产品的总供应量从 1976 年的 6900 万吨
增加到 2008 年的 1.42 亿吨。[②] 水产养殖也对该行业做出了重大贡
献：2006 年，它占海产品总供应量的 41.8%，产量为 6670 万吨。[③]
为确保该行业的可持续性和适当管理，环印联盟致力于使成员国将
注意力集中在监管框架、研究和开发及人力资源上。

一、监管框架

在环印联盟成员国中，渔业开发工作由各自职能部委和相关部
门负责，例如：在南非和澳大利亚，渔业开发由农业、渔业和林业
部负责；在印度，农业部中的渔业司负责规划、监测和资助几个与
渔业相关的开发计划；在阿曼，水产养殖中心负责开展与海洋和淡
水养殖有关的科学研究；在坦桑尼亚，政府和私营部门通过提高对
资源合理利用的认识来提供支持，这是通过能力建设计划来完成的，
像研讨会、讲习班、部门会议和私营部门的非正式培训，重点关注
渔业资源利用等关键问题。

根据环印联盟《负责任渔业守则》第 9 条，"各国应建立、维护
和发展适当的法律和行政框架，以促进负责任水产养殖的发展"。[④]
只有由稳定的机构管理的健全监管框架才能确保水生生态系统的健
康。事实上，为了实现可持续的水产养殖开发，需要确定国家政策
和程序。此外，需要建立健全的法律框架，确保水产养殖者的权利，

---

① FAO, "The State of World Fisheries and Aquaculture", 2000.

② FAO, "Fishstat Plus—University software for fishery statistical time series",
2011.

③ Frank Asche, "Green Growth in Fisheries and Aquaculture Production and
Trade", OECD, 2010, https: //www. oecd. org/greengrowth/sustainable - agricul-
ture/48258799. pdf.

④ FAO, "Code of Conduct for Responsible Fisheries", 1995.

保护国家利益。对关于蓝色经济活动监管框架所收集信息的分析表明，环印联盟成员国有不同的法律制度和法律机构。这是因为尽管渔业是大多数环印联盟成员国的优先事项，但它们在蓝色经济领域的经济发展水平和优先事项不同。事实上，近年来，人们越来越关注法律和法律机构在渔业开发中的作用。环印联盟秘书处进行的审查表明，几乎所有环印联盟成员国都有渔业活动以及某种形式的可持续管理法律框架。然而，一些环印联盟成员国具有更明确和具体的法律、法规和政策，涵盖渔业产业的各个方面。例如，澳大利亚的监管框架涵盖了广泛的领域，包括但不限于海洋养殖规划、水产养殖、环境保护和生物多样性保护以及海洋公园。

环印联盟中大多数发达和发展中成员国都有完善的法律制度，但也有例外，一些国家没有适当的法规来管理渔业部门的可持续发展。一些最不发达国家和发展中国家的渔业监管框架仍处于起步阶段，因为在这些国家中该领域主要由手工渔业和小规模水产养殖活动组成。这需要其他发达、有经验的成员国以及国际和区域组织的支持和合作，以启动这一重要部门的开发。

二、研究与开发

在环印联盟成员国，蓝色经济的研究与开发工作被认为是发掘蓝色经济潜力和应对蓝色经济挑战的重要工具。目前各种机构都在积极参与，其中包括：澳大利亚联邦科学与工业研究组织、渔业研究与开发公司、澳大利亚海洋科学研究所、孟加拉国渔业研究所、印度农业研究委员会、印尼技术研究与评估机构、印尼科学研究所和伊朗渔业研究组织等。此外，还有一些中心和研究所开展与渔业相关的研究活动，包括淡水渔业研究机构，沿海渔业研究、水生动物遗传研究与开发研究机构等。然而，尽管该地区的研究和开发取得了进展，但一些发展中成员国和最不发达成员国仍然没有渔业研究设施，需要其他国家以及环印联盟对话伙伴的援助。

三、人力资源开发和能力建设

人力资源开发和能力建设被认为是丰富特定领域专业知识与技能的重要工具。环印联盟成员国强调了在每个蓝色经济优先部门下进行能力建设对于提高绩效和实现发展目标的重要性。为了促进能力建设，成员国确保一些机构和大学提供与蓝色经济相关主题的培训计划。这些机构包括澳大利亚海洋和渔业学院、澳大利亚渔业经济网络，印度中央渔业教育学院和渔业科学学院，隶属于伊朗渔业组织的伊朗培训和推广中心，肯尼亚的莫伊大学和内罗毕大学，毛里求斯大学渔业培训和推广中心，以及阿曼、南非和泰国的相关大学与培训学院等。然而，尽管几乎所有环印联盟成员国都有培训机构、大学或中心来加强各自国家的能力建设，但并非所有成员国都拥有渔业设施和资源，其水产养殖和人力资源开发和能力建设仍然有限。

四、渔业相关活动

2015 年以来，在环印联盟框架下开展了几项与渔业领域相关并解决各种问题的活动，其中包括：（1）2015 年 5 月 4—5 日，在南非德班举办了环印联盟蓝色经济核心小组"促进印度洋地区渔业和水产养殖及海上安全和安保合作"研讨会；（2）2015 年 9 月，在毛里求斯举办了第一届环印联盟蓝色经济部长级会议；（3）2016 年 5 月，在马达加斯加塔那那利佛举办了环印联盟水产养殖培训项目；（4）2016 年 9 月，在科摩罗举办了环印联盟"渔业和水产养殖产品的处理、收货后加工和储存"培训项目；（5）2016 年 11 月，环印联盟渔业支持单位在阿曼举办了海产品安全和质量研讨会；（6）2017 年 5 月，在印尼举办了关于"为蓝色经济融资"的第二届蓝色经济部长级会议。

第二节　环印度洋联盟框架下的海洋
可再生能源开发

　　到 2050 年，世界人口预计将增加到 97 亿，并可在 2100 年达到 110 亿的峰值，随着人口数量的迅速增加，电力需求将会增加。然而，化石燃料的持续燃烧导致温室气体含量增加，从而导致全球变暖和气候变化。这些现象将会威胁生态稳定、粮食安全以及社会福利，因此需要用更环保和可持续的可再生能源来替代不断下降的化石燃料库存。由于容易受气候变化和进口燃料价格上涨的影响，印度洋沿岸国家的能源部门也面临着重大挑战，这会对经济从而对整个人类社会产生影响。鉴于环印联盟成员国高度依赖化石燃料，替代性的可持续和可再生能源的生产可以减少这种依赖，并提供更大的环境和安全效益。环印联盟成员国在开发可再生能源方面具有巨大潜力并且已经确定了六种：波浪能、潮差能、潮汐能、洋流能、海洋热能转换和盐差能。上述六种可持续能源的开发和使用都需要不同的能量转化技术。

一、监管框架

　　尽管越来越需要转向更可持续和更清洁的能源，但大多数环印联盟国家对海洋可再生能源的政策激励有限，而且很少受到关注。也有一些成员国做得比较好。在澳大利亚，海军防御支持小组于 2008 年与卡内基波浪能源公司签订了一份谅解备忘录，以便对花园岛西海岸的波浪发电潜力进行初步可行性评估。印尼国家能源委员会正在通过其国家能源政策倡导海洋能源的开发。在南非，南非能源部和 2008 年国家能源法对可再生能源的开发进行管理，海洋能源是其开发目标之一。而其他环印联盟成员国仍然无法获得有关海洋可再生能源的全面、准确和可靠的信息。

二、研究与开发

对海洋可再生能源的研究和开发是任何全面和负责任的能源计划以及制定保护海洋环境指南的先决条件。对气候变化威胁的日益关注导致人们对可再生能源技术的兴趣增加，而对海洋可再生能源的研究有助于开发具有前景的新技术。这些技术提供了商业机会，但非常重要的是，新的海洋能源技术开发不会扰乱海洋环境，海洋环境已经受到过度捕捞、污染、栖息地丧失和气候变化等影响。因此，环印联盟成员国高度重视海洋可再生能源研究，以便从商业机会中受益。环印度洋国家中开展此类研究的机构包括澳大利亚联邦科学与工业研究组织、塔斯马尼亚大学、澳大利亚海事学院、卧龙岗大学、新南威尔士大学、水研究实验室、悉尼大学和印度国家海洋技术研究所等。

澳大利亚可再生能源署已为 4000 万美元的波浪能项目拨款 1310 万美元。① 印度国家海洋技术研究所正在研究开发利用可再生能源和从海洋中产生淡水的技术，并对用于发电的船用涡轮机进行研究。印尼海洋能源协会正在开展利用海洋能源的研究。在南非，斯坦陵布什大学的可再生和可持续能源研究中心拥有许多用于海洋可再生能源研究的设施。同样，马来西亚目前正在进行多项海洋可再生能源研究，旨在利用海洋热能转换作为海洋可再生能源的主要来源。马来西亚近年来推出了一项涉及国家海洋学理事会和建立国家海洋学委员会的计划，作为海洋部门研究和马来西亚水域相关活动的联

---

① Joshua Marks，"Australian Wave Energy Project Sets a New World Record with 14,000 Operating Hours"，2016，https：//inhabitat. com/australian - wave - energy - project - sets - world - record - with - 14000 - operating - hours/.

络点。

尽管许多国家正朝着开发更多海洋可再生能源的方向发展，但一些国家的技术、资源、投资设施和能力仍然相当有限。不过，很多国家正在推出新举措来支持该部门的发展。例如，斯里兰卡正在促进对新兴技术的研究和使用，特别是非常规可再生能源的使用。毛里求斯正在探索几种海洋可再生能源的开发机会，因为该地区具有开发海洋热能转换的巨大潜力。

三、人力资源开发和能力建设

只有少数几个国家提供了与海洋可再生能源相关的人力资源开发和能力建设数据。来自澳大利亚和印尼的几所大学正在关注这一领域。在印尼，政府对技术能力建设、资源评估和贸易促进进行支持。在印度，能源、环境和可持续发展学院提供可再生能源课程，包括海洋可再生能源。同样，印度理工学院马德拉斯海洋工程系拥有多个海洋研究实验室。在南非，斯坦陵布什大学的可再生和可持续能源研究中心提供关于可持续发展、可再生能源系统、可再生能源金融、热能系统以及海洋能和水力发电的多个课程模块。

第三节　环印度洋联盟框架下的海港和航运

印度洋是世界海上贸易通道最为密集的区域之一，印度洋石油航线和贸易通道是许多国家的战略生命线。港口和物流在环印联盟成员国之间海上贸易和商业的快速增长方面发挥着重要作用。尽管该地区的航运持续增长，但环印度洋国家之间的贸易分布并不均衡。大多数成员国在跟上海上贸易快速发展的节奏方面面临着广泛的挑战，例如拥堵、对新信息技术开发和设备的需求等。对此，区域合作仍是破解航运港口行业瓶颈、加强成员国经贸合作的重要战略。

一、监管框架

国际海事组织是联合国管理航运业的机构，负责海上人命安全和海洋环境保护。适用于全球海员的劳工标准由国际劳工组织负责。鉴于其管理船舶和保护海洋环境的责任，国际海事组织以国际外交公约的形式实施了具有详细技术法规的综合框架。作为国际海事组织成员的国家政府必须执行这些国际规则，并确保在其国家注册的船舶遵守这些规则。在环印联盟，管理海港和航运的监管机构因成员国而异。澳大利亚船队的监管和安全监督，以及国家国际海事义务的管理属于澳大利亚海事安全局。2000 年科摩罗商船法对所有行政活动和注册程序进行管辖。印度港口通常由中央政府和邦政府进行管理和监管，航运部负责航运和港口部门政策和计划的制定与实施。印尼政府 2008 年第 17 号海事法旨在为印尼公司提供商机和更大的市场份额，继这一举措之后，印尼航运法出台了进一步的新规定，旨在对与运输相关的各个方面进行规范。伊朗道路和运输部港口和航运组织是伊朗的相关监管机构，该部门制定了各种对该行业进行监管的法律。肯尼亚海事局制定的《肯尼亚商船条例》（2011年）允许扣留船舶或暂停服务，直至达到合规标准。《制止危及马达加斯加海上航行安全的非法暴力行为公约》（1988 年）适用于海盗和海上武装抢劫行为。在毛里求斯，《毛里求斯商船法》（1986 年）和《毛里求斯航运（修正）法》（1992 年）主要以英国商船法为蓝本，对船舶登记和抵押进行规范。

二、研究与开发

环印联盟成员国认识到研究和开发在海港和航运领域的重要性。然而，成员国的发展水平各不相同，由于资源、技术和能力有限，一些国家仍然落后。尽管如此，环印联盟成员国已经采取了许多举措。例如，在科摩罗，欧洲开发基金科摩罗国家授权官员支持小组已经指定荷兰海事和运输业解决方案为科摩罗群岛制定国家港口项目。在肯尼亚，2013 年在蒙巴萨海港建造了一个新泊位，以增加港口设施和货运空间。在马达加斯加，港口修复项目的主要目的是修复 10 个港口的物理基础设施和设备。在塞舌尔，维多利亚港是该行业发展的另一个例子。这是一个耗资 2 亿美元的项目，旨在保持维多利亚港作为该地区卓越的渔业枢纽和燃料补给点的地位。该项目还将使维多利亚港发挥其作为服务于西印度洋和东非海岸的集装箱转运点的潜力。尽管一些环印联盟成员国（尤其是发达国家）处于发展的高级阶段并获得了最新技术，但这些国家与港口欠发达国家之间的合作水平仍然很低。成员国在各种环印联盟活动中强调了促进技术转让的必要性，并要求发达国家提供以下援助：（1）分享经验、信息和最佳实践案例。（2）确保适当的项目准备，以便为基础设施融资获得资金。（3）寻找可以共享技术以实现共同发展的领域。

三、人力资源开发和能力建设

发展海港和航运业的重要性意味着必须培养管理这一新兴行业所需官员的能力。成员国的各种组织和机构正在印度洋沿岸开展能力建设项目，例如：澳大利亚海事学院，包括国家海事工程和流体动力学中心、国家港口和航运中心；孟加拉海事培训学院；印度港口管理学院；肯尼亚班达里学院；阿曼助学金计划；新加坡海事学院、新加坡合作计划和新加坡航运协会；南非海事学校、运输学院和航运学院；斯里兰卡马哈波拉港口和海事学院；阿布扎比港口公司及其港口培训中心；也门海事培训中心。

四、海港和航运相关活动

环印联盟的任务是加强区域合作，包括在港口区开发方面加强合作。首届蓝色经济部长级会议包括专门讨论海港和航运的会议，为讨论该领域问题合作提供了第一个机会和平台。成员国就海港和航运业的发展方向提出以下建议：（1）考虑改进印度洋地区船舶登记的措施。（2）促进印度洋地区海港和航运领域的合作，包括在造船、海港物流等潜在合作领域的合作。（3）加强印度洋地区海港和航运部门的能力建设计划。（4）促进印度洋地区的邮轮旅游项目。（5）促进印度洋地区的海港互联互通和沿海航运。继首届环印联盟部长级蓝色经济会议之后，为加强该领域的合作，中国作为环印联盟的对话伙伴国之一，与南非国际关系与合作部及环印联盟于 2016 年 7 月在中国青岛合作举办了第二届环印联盟蓝色经济核心小组研讨会。会上，环印联盟中的 14 个成员国及中国、埃及 2 个对话伙伴国的 50 余位官员及专家学者就蓝色经济基础设施发展项目融资、中国经济开发区（特区）建设模式及经验、海洋经济能力建设与合作、21 世纪海上丝绸之路倡议下的中国同环印联盟合作机遇等议题进行了深入探讨，达成广泛共识。与会各方高度赞赏中国在推进环印度洋地区蓝色经济领域合作中发挥的积极作用，表示愿以共建 21 世纪海上丝绸之路为契机，不断深化同中方务实合作，实现互利共赢、共同发展。[①] 此次研讨会的一项建议是制订一种方法，使环印联盟最不发达国家能够在立法和技能开发领域向环印联盟秘书处寻求帮助，以支持它们的蓝色经济倡议。2016 年，全球海事和港口服务有限公司通过新加坡合作计划在新加坡举办了港口管理和运营培训项目，

---

① "第二届环印度洋联盟蓝色经济核心小组研讨会在青岛举行"，新华社，2016 年 7 月 19 日，http：//www.xinhuanet.com//world/2016 – 07/19/c_1119245219.htm。

来自环印联盟成员国的政府官员参与了该培训项目。培训项目的主题包括新加坡港口管理经验、国际贸易和运输、港口的管理和运营、未来对港口的挑战和人力资源开发。2017 年 7 月，在科摩罗举办了"加强印度洋地区可持续港口服务和管理以改善海上连通性"的培训计划。培训涵盖多个模块，包括可持续港口管理工具，港口商业管理，港口战略规划与管理，可持续港口管理的工作实践、安全和环境保护。在第二届环印联盟部长级蓝色经济会议上港口部门成为讨论目标，特别是港口网络、海关网络和货物管理。

第四节　环印度洋联盟框架下的近海碳氢化合物和海底矿物开发

印度洋地区蕴藏着丰富的海底资源，这些资源在各国管辖范围内外都具有很高的开发潜力。尽管印度洋沿岸沉积物中可以找到多种矿产，但令投资者感兴趣的主要是多金属结核和多金属块状硫化物。国际海底管理局负责组织、控制和管理国家管辖范围以外的矿产资源。国际海底管理局迄今已批准了 17 份合同，其中 3 份合同的涉及范围在印度洋中部。[①] 印度洋已经被确定为多金属结核密度最大的地方之一，面积为 1000 万—1500 万平方千米。印度洋的海底勘探已经开始，如印度自 1987 年以来一直在印度洋中部盆地勘探多金属结核。勘探活动在各国管辖范围内外进行，活动的快速增长带来了环境、法律和经济方面的挑战。然而，大部分矿产勘探，包括在印

---

① Michelle Allsopp, Clare Miller, Rebecca Atkins, Steve Rocliffe, Imogen Tabor, David Santillo and Paul Johnston, *Review of the Current State of Development and the Potential for Environmental Impacts of Seabed Mining Operations*, 2013, http://www.greenpeace.to/greenpeace/wp-content/uploads/2013/07/seabed-mining-tech-review-2013.pdf.

度洋大陆边缘进行的勘探，都是由该地区以外的发达国家进行的，印度洋沿岸国家的参与有限。

尽管海底采矿业为沿海国家领海的开发带来了巨大机遇，但环印联盟成员国中很少有国家具备开发这些资源的能力和技术。在监管框架方面，环印联盟成员国中只有 11 个拥有海底勘探监管框架并批准了《联合国海洋法公约》。环印联盟成员国中海底勘探和采矿部门的研发仍不发达，很少有国家积极参与这一进程。国际海底管理局向印度政府签发了一份勘探合同，同意其于 2002—2017 年期间在印度洋中部盆地的 7.5 万平方千米的区域进行勘探，而这些权利已被延长五年。① 印度洋地区除了一些大学的研究涉及海底勘探和采矿的某些方面，总体而言相关的能力建设和人力资源开发仍相当有限。环印联盟成员国需要加强与更有经验的国家以及国际海底管理局等组织和机构的合作。

2015 年在印尼巴厘岛举办了关于碳氢化合物和海底矿物勘探和开发的研讨会。与会者建议应遵循以下原则来支持增长：（1）可持续性。研讨会参与者注意到健康海洋面临的持续挑战及其对环印度洋国家的环境健康、经济可持续性和生计的重要性。除了经济价值之外，可持续性评估还应包括环境和社会价值。（2）强大的法律和治理机制。与会者一致认为，在从事碳氢化合物和海底矿物开发活动之前，应建立稳定一致的监管环境；在有关公私伙伴关系的重要性时，一致认为稳健和透明的监管框架可确保政府和行业有更大的确定性，使私营部门能够参与并促进投资。（3）区域合作。与会者认识到长期和大规模信息对于成功管理印度洋的重要性，并指出了国家间合作的价值。与会者确定了通过合作加强对印度洋生态系统和资源进行了解的必要性。（4）社区参与。与会者一致认为，社区

---

① Shamimtaz B. Sadally, "IORA's Policy Framework on the Blue Economy", in Vishva Nath Attri and Narnia Bohler – Muller (eds.), *The Blue Economy Handbook of the Indian Ocean Region*, Africa Institute of South Africa, 2018, pp. 208 – 209.

参与对于确保透明度和建立运营的"社会许可"至关重要。这种参与将有助于制定最佳实践环境标准。

第五节 环印度洋联盟框架下蓝色经济开发的机遇与挑战

蓝色经济从传统资源经济向可持续发展的转变代表着巨大的经济和投资机会。因此，环印联盟成员国将蓝色经济确定为经济发展、创造就业和减轻贫困的驱动力。环印联盟成员国已经就促进蓝色经济不同部门可持续发展的各种方式达成共识，例如通过了《蓝色经济宣言》《2017—2021 年环印联盟行动计划》和《雅加达协约》。2015 年 9 月在毛里求斯举行的第一届环印联盟部长级蓝色经济会议通过了《蓝色经济宣言》，该宣言旨在以可持续的方式利用海洋资源。该宣言鼓励会员国以可持续的方式管理其海洋资源，坚持可持续发展目标，特别是关于保护和可持续利用海洋和海洋资源以促进发展的目标14。宣言还承认在发展印度洋沿岸地区的蓝色经济方面，需要加强能力建设、技术转让和经验交流。对话伙伴、区域和国际组织、公私伙伴关系和企业的参与以及对赋予女性权力的关注，被认为是支持蓝色经济可持续发展的关键因素。此外，该宣言还强调海洋资源的可持续利用应按照国际法进行，包括《联合国海洋法公约》和《生物多样性公约》。[1] 在 2017 年 3 月 7 日于印尼雅加达举行的环印联盟领导人峰会上，成员国领导人通过了《2017—2021 年环

---

[1]　The Indian Ocean Rim Association, "Declaration of the Indian Ocean Rim Association on Enhancing Blue Economy Cooperation for Sustainable Development in the Indian Ocean Region", 2015, https：//www. iora. int/media/8216/iora – mauritius – declaration – on – blue – economy. pdf.

印联盟行动计划》并签署了《雅加达协约》，旨在加强区域合作以实现和平、稳定、繁荣的印度洋。《雅加达协约》被认为是一个里程碑式的倡议，是指导成员国通过密切协作和合作发展环印度洋地区的重要工具。在峰会上，环印联盟成员国承诺在一系列行动领域开展工作：促进该地区的海上安全和安保；加强该地区的贸易和投资合作；促进可持续和负责任的渔业管理；加强灾害风险管理；加强学术、科技合作。[①]《蓝色经济雅加达宣言》于2017年5月8—10日在印尼雅加达举行的第二届环印联盟部长级蓝色经济会议上获得通过。该宣言旨在实施在印尼雅加达通过的《2017—2021年环印联盟行动计划》。此外，该宣言强调了鼓励为海洋经济基础设施和发展项目融资的重要性；加强印度洋沿岸地区的研发、技术转让、信息共享；以基于生态系统的方法对海洋资源进行可持续管理和利用；应对IUU捕捞、气候变化影响、管理和扭转海洋塑料碎片污染、营养物污染、生物多样性丧失等挑战；鼓励公私伙伴关系和企业界参与发展蓝色经济。[②]

　　环印联盟有10个对话伙伴，都是在技能、能力、经验和技术进步方面拥有资源的国家。通过（2017—2021年环印联盟行动计划》和《雅加达协约》，环印联盟致力于深化与对话伙伴的关系。《蓝色经济宣言》承认成员国和对话伙伴国的需要：促进对海洋资源的妥善管理，加强发展中国家、小岛屿发展中国家和最不发达国家的能力建设，鼓励它们提高保护沿海地区、海洋环境和资源的能力；妥善分配资金，以促进蓝色经济可持续发展方面的相互合作和技术转让；改善研究、网络，促进研究人员的交流计划；促进能力建设，

①　"IORA Action Plan 2017 - 2021", https：//www. iora. int/media/1031/iora - action - plan - 7 - march - 2017. pdf.

②　The Indian Ocean Rim Association, "Promoting Regional Cooperation for a Peaceful, Stable and Prosperous Indian Ocean", 2017, https：//www. iora. int/media/23699/jakarta - concord - 7 - march - 2017. pdf.

以发展蓝色经济中不同部门的可持续发展和健全环境管理的专业技能。① 环印联盟成员国间达成的共识强调了公私伙伴关系在提高蓝色经济不同部门的生产力和基础设施开发方面的作用。例如，《蓝色经济雅加达宣言》强调需要促进公私伙伴关系和企业界参与蓝色经济开发，包括渔业等各种蓝色经济部门的基础设施开发和技术转让、海洋观测、海洋可再生能源、海港和航运、深海采矿和海洋旅游等。② 加强私营部门，特别是中小型企业的参与，被认为是促进该地区贸易和投资的重要途径。

环印联盟蓝色经济发展理念的提出，给环印联盟及其成员国带来了新的发展机遇。但同时，受国际和国内等多方面因素的影响，其发展也面临着诸多挑战。首先，严峻的海洋安全威胁。印度洋区域已成为当今世界上问题丛生且最为危险的区域之一，海上恐怖袭击频发、海盗活动日益猖獗、沿岸局势动荡复杂、跨国犯罪屡禁不止等，使环印联盟在发展蓝色经济时不得不面对严峻的海洋安全威胁。其次，海洋环境持续恶化。印度洋海洋环境的持续恶化对环印联盟实施蓝色经济开发造成巨大挑战，这些挑战包括海水温度上升、海岸线上升、生物多样性减少、资源过度开发、海洋污染严重等。再次，落后的基础设施建设与海洋科技水平。环印联盟主要是由发展中国家组成，除了澳大利亚和新加坡等国之外，大部分成员国都是经济发展落后、基础设施不完善、科学技术水平较低的国家。最后，联盟相关合作机制不足。环印联盟尽管召开了多次与蓝色经济相关的会议和研讨会，但除了通过一些宏观性的宣言和文件以外，并没有形成关于如何发展联盟内蓝色经济的具

---

① The Indian Ocean Rim Association, "Mauritius Declaration on Blue Economy", 2015, https：//www. iora. int/media/8216/iora－mauritius－declaration－on－blue－economy. pdf.

② The Indian Ocean Rim Association, "Promoting Regional Cooperation for a Peaceful, Stable and Prosperous Indian Ocean", 2017, https：//www. iora. int/media/23699/jakarta－concord－7－march－2017. pdf.

体合作机制，也没有具体的指导和约束成员国蓝色经济开发的法律性文件和纲领。① 总体而言，环印联盟蓝色经济合作仍停留在理念制度设计层次上。

① 李次园："环印度洋联盟蓝色经济发展初探"，《国际研究参考》，2018年第 4 期，第 30—32 页。

第十章　印度洋蓝色经济
开发中的三次产业

应用国民经济三次产业分类标准，可将海洋产业划分为海洋第一产业、海洋第二产业和海洋第三产业。海洋第一产业主要是海洋渔业，包括海洋捕捞业和水产养殖业。海洋第二产业包括海洋盐业、海洋油气业、滨海砂矿业和沿海造船业，以及正在形成产业的深海采矿业和海洋制药业。海洋第三产业包括海洋交通运输业和旅游业，以及海洋公共服务业。[①] 本章重点关注印度洋地区的渔业（第一产业）、海洋油气业（第二产业）和旅游业（第三产业）。

第一节　渔业

在海洋带来的诸多好处中，渔业对粮食安全和人民的生计尤为重要。在过去的几十年里，渔业的就业潜力比传统农业的就业增长更快。水产养殖与鱼类加工为沿海和小岛屿发展中国家提供了显著的就业机会和经济利益。印度洋拥有种类繁多的海洋鱼类，具有巨大的经济价值。印度洋沿岸的人口依赖鱼类获取动物蛋白，渔业支持着他们的生计。

① "海洋产业经济的定量分析技术研究"，http：//www. haiyangkaifayu-guanli. com/html/2005/6/050607. html。

一、印度渔业

印度是世界鱼类生产大国，占全球产量的 7.58%。2018—2019年，渔业对印度的总增加值（Gross Value Added，GVA）贡献1.24%，对农业总增加值贡献 7.28%，是数百万人食物、营养、收入的重要来源。2014—2015 年、2018—2019 年，印度渔业部门的年均增长率为 10.88%。2018—2019 年，海产品出口量为 139.3 万吨，价值 4658.9 亿卢比（67.3 亿美元），近年来平均年增长率为 10%。该部门为大约 2500 万渔民和水产养殖者提供生计。①

印度中央淡水水产养殖研究所、中央微咸水养殖研究所、国家渔业发展委员会、农业研究委员会和中央海洋渔业研究所等机构在为养鱼户实施各种计划以促进印度水产养殖业发展。同样，印度各邦的渔业部门也都实施了各自的计划以改善各邦的水产养殖现状。印度国家渔业发展委员会开展了各种促进渔业发展的计划，包括建造港口、制冰厂、鱼上岸中心、移动送货车、冷藏设施、拍卖厅和鱼市场。作为保护海洋资源种群和鼓励可持续捕捞努力的一部分，印度政府在重要渔场实施季节性捕鱼禁令，并收紧了发放渔船许可证的程序。

二、毛里求斯渔业

毛里求斯包括外岛在内的沿海地区拥有丰富的渔场。渔民们使用各种渔具在泻湖和珊瑚礁区捕鱼，渔获物在 61 个鱼市场出售，然后再分发到其他地区。在毛里求斯，大约 3000 名渔民从事手工渔业。据报道，毛里求斯主岛有超过 1898 艘渔船，罗德里格斯岛有

---

① NFDB, "About Indian Fisheries", https：//nfdb. gov. in/welcome/about_indian_fisheries.

900 艘渔船。平均而言，手工渔民每天在市场上出售约 4 千克鱼。毛里求斯海产品业拥有运输、冷藏、清洗、加工和销售各环节，分布在全国各地。其中，海产品加工业创造了 6000 个直接工作岗位和 1 万个间接工作岗位（由毛里求斯的辅助服务创造），2015 年出口额为 95 亿卢比。"毛里求斯王子金枪鱼"是一家拥有约 2000 名工人的罐头厂，每年向欧洲国家出口超过 5 万吨金枪鱼罐头。① 尽管有大量淡水水库和沿海地区可供使用，但毛里求斯的水产养殖业并不发达。毛里求斯周围大陆架清洁的浅海水域具有发展网箱养殖的巨大潜力，这有助于创造就业机会和增加外汇。除少数试验农场外，海藻养殖被视为沿海社区创造就业机会的来源。罗德里格斯岛周围有很多像章鱼这样的软体动物，但由于过度捕捞，这些动物逐渐成为稀有物种。此外，毛里求斯周边棘皮动物如海参的密度大、多样性丰富。养殖海参不仅可以创造就业机会，还可以为国家创汇。②

毛里求斯蓝色经济、海洋资源、渔业和船运部负责制定渔业的总体政策，发展泻湖养殖，负责渔业农场区域的许可、渔船出港的许可、渔民的保护等。目前毛里求斯的水产养殖业相对分散，均以小型养殖为主，毛里求斯政府致力于资助渔民开展大型养殖项目。目前毛里求斯每年养殖各种鱼类共计 1.2 万吨。各国也在发掘毛里求斯水产养殖领域的潜力，如在大湾进行的海上网箱项目，即由阿里比恩渔业研究中心和日本国际合作机构共同资助。欧盟与毛里求斯签订了渔业合作协议，资助毛里求斯养殖金枪鱼。毛里求斯海洋

---

① Balasaheb G. Kulkarni, "Fisheries and Aquaculture Employment Generation in the Indian Ocean Region", in Vishva Nath Attri and Narnia Bohler – Muller (eds.), *The Blue Economy Handbook of the Indian Ocean Region*, Africa Institute of South Africa, 2018, pp. 265 – 266.

② Balasaheb G. Kulkarni, "Fisheries and Aquaculture Employment Generation in the Indian Ocean Region", in Vishva Nath Attri and Narnia Bohler – Muller (eds.), *The Blue Economy Handbook of the Indian Ocean Region*, Africa Institute of South Africa, 2018.

研究所也准备开启珍珠养殖的可行性研究。①

据日本共同社2020年9月2日报道，日本籍货船在毛里求斯近海发生燃油泄漏事故，给当地生态环境带来的不良影响令人担忧。为此，毛里求斯政府要求日本方面支付13.4亿毛里求斯卢比（人民币2.3亿元）的项目经费，以支持受影响的渔业。报道称，毛里求斯政府已禁止民众在遭受污染的海域捕鱼。这一项目旨在为渔民提供就业机会，使其能够生活等。毛里求斯政府表示，许多渔民只有近海捕鱼经验，在远洋作业"需要训练"。项目经费中包含了475名渔民和60名船长的训练费，还有大约100艘渔船的建造费。此外，毛里求斯还要求日本提供1.34亿毛里求斯卢比（人民币0.23亿元），用以改造渔业研究中心及培养专家。②

三、印度洋地区加强渔业的措施

在印度洋地区，大多数从事渔业生产的人都没有受过良好教育。因此不少国家和地区正在通过开设渔业学校对青年进行有关教育。政府和非政府机构还为渔民开设短期培训课程。同时，需要加快基础设施建设，以创造更多就业机会，这些就业机会大致包括以下内容：一是通过开发渔港帮助渔业社区发展。在大多数环印联盟国家，港口都是为商船建造的，小型渔船在港口使用方面存在重大障碍。建设专门的渔港有利于促进渔业部门的直接和间接就业。二是利用生物技术培育新产业。海洋生物技术是推动蓝色经济发展的一个前沿领域。目前，样本的收集是由海洋科学家完成的。此后，应对渔民进行培训，让他们在出海时对样本进行收集以用于生物勘探。三

---

① 中国商务部："毛里求斯海洋经济调研"，2016年，http：//mu. mof-com. gov. cn/article/ztdy/201601/20160101233486. shtml。

② "燃油泄漏影响渔业 毛里求斯要求日本提供资金支援"，中国新闻网，2020年9月2日，https：//www. chinanews. com. cn/gj/2020/09 - 02/9280471. shtml。

是利用环保技术开发环保能源。例如：可以使用微藻等海洋生物生产生物氢、生物柴油和其他海洋生物能源；可以将可再生能源应用于港口设施并扩大替代海上电源系统，以尽量减少二氧化碳排放；可以分发可生物降解的渔网，以促进鱼类资源的可持续性等。除了这些措施之外，保护海洋免受所有污染源的影响对于保护渔场至关重要。需要仔细考虑海洋酸化、过度捕捞和海面温度升高等问题，以保护渔业资源和人类的未来。

第二节　海洋油气业

印度洋沿岸国家专属经济区内的海上油气资源仍处于相对未开发状态。陆上勘探和生产比海上勘探和生产更便宜也更容易，而且很少有国家具备海上勘探和开采油气资源的经济能力和人力资源能力。这些限制可能导致国家在石油和天然气勘探与生产方面需要外部投资，在某些情况下，东道国的政治和监管不确定性都会限制此类投资。然而，某些环印联盟成员国拥有发达的碳氢化合物工业，包括阿联酋、印尼、澳大利亚、印度、马来西亚和伊朗，其中伊朗和阿联酋是石油输出国组织（欧佩克）成员国。

一、环印度洋联盟国家海上油气勘探

这里使用一些国家作为案例研究来讨论印度洋油气勘探开发的进展。

（一）西南印度洋地区

2013 年，厄加勒斯—索马里海流大型海洋生态系统计划发布了一系列关于沿海生计的报告，尽管这些报告已经过时，但提供了该地区非洲石油和天然气活动状况的背景信息。[①] 报告表明，大多数有关非洲国家在其专属经济区内的地震勘测覆盖率较低。

1. 南非

在南非，有关碳氢化合物的调查始于 20 世纪 40 年代，海上勘探始于 1965 年南部石油勘探公司的成立。1967 年，一项新的采矿权法案通过，一些国际公司由此被授予离岸特许权。1969 年，外资公司"超级能源"钻出了第一口海上井，并在南海岸发现了天然气。苏科尔公司于 1973 年首次钻探油井，并于 1980 年在布雷达斯多普盆地发现了第一个商业上可行的天然气储藏地，即 F－A 油田。与其配套在莫塞尔湾附近建造了一个生产平台，并在陆上建造了当时世界上最大的天然气制油工厂。南非石油公司于 2002 年 1 月由之前的三个实体合并而成：莫斯加斯公司、苏科尔公司和战略燃料基金协会的一部分。南非石油公司是南非唯一一家在莫塞尔湾附近开展生产活动的公司。

南非在其专属经济区内的地震勘测覆盖范围有限，大多数勘测是在西海岸和南海岸。《矿产和石油资源开发法》于 2002 年通过，并于 2004 年 5 月 1 日开始实施。南非于 1999 年成立了南非石油局，以规范南非的石油和天然气活动，并成立了一个机构来存储勘探公司收集的信息。2014 年，南非发起了一项新计划——"帕基萨行动"。该计划旨在加快实施国家发展计划，以促进南非经济的增长。南非正在寻求在"帕基萨行动"范围内发展其石油和天然气工业，以实现"南非海洋的经济潜力"倡议。基于对海洋产业以及健康海洋环境的需求，南非正在"帕基萨行动"框架内制订海洋空间规划计划，以扩大南非对其近海环境和生态系统的了解。在"帕基萨行动"的石油和天然气实验室内，已经建立了南非海洋研究和勘探论

---

① ASCLME, "Coastal Livelihoods Report Series", http：//asclme. org/documents/reports. html.

坛，以利用海上石油和天然气活动可能带来的数据及其研究机会。[①]南非海洋研究和勘探论坛将扩大到近海工业（如渔业），并可能包括其他行业（如旅游业和海上运输业）。

2. 莫桑比克

早在 1904 年，莫桑比克便开始勘探石油和天然气资源，但由于技术落后和缺乏资金而停止。勘探于 1948 年重新开始，但仅在海上进行了有限的勘探。由于内战，勘探活动在 20 世纪 70 年代再次停滞，新活动在 80 年代开始，同时莫桑比克国家石油和天然气勘探与生产公司国家碳氢化合物公司成立。该公司于 1997 年上市。国家碳氢化合物公司的宗旨是"负责石油产品的研究、勘探、生产和商业化……并在石油业务中代表国家"。1970 年至 1980 年间，该公司仅钻了六口野探井（在未探明的保护区钻探的探井），其中一半位于近海环境中。莫桑比克的二维勘测覆盖率相对较高，但钻探的探井很少。2010 年，莫桑比克在鲁伍马近海盆地发现了约 5 万亿立方米的天然气。这将使莫桑比克成为世界第三大天然气生产国。[②] 在鲁伍马盆地发现天然气导致莫桑比克海域勘测活动增加，迄今已进行了五轮许可，勘探者对北部区块表现出极大的兴趣。莫桑比克的石油法于 2014 年修订，2015 年颁布了新法规，以增加莫桑比克政府的利益分享。在人力开发方面，莫桑比克的法律规定"公司必须确保莫桑比克国民的就业和技术专业培训，以及保障其参与权利"。[③]

（二）北印度洋地区

北印度洋地区有许多石油生产大国，例如阿联酋、伊朗和印度。

---

① SAMREF, http：//samref. org. za/.

② Nicole du Plessis, Juliet Hermes and Ken Findlay, "Oil and Gas Exploration and Production in the Indian Ocean Region", in Vishva Nath Attri and Narnia Bohler – Muller (eds.), *The Blue Economy Handbook of the Indian Ocean Region*, Africa Institute of South Africa, 2018, p. 279.

③ Republic of Mozambique, "Mozambique Petroleum Law 21 of 2014", 2014.

斯里兰卡正在进行勘探活动，但尚未进行海上生产。① 孟加拉国有一个海上生产区块，但在 2013 年被废弃。

1. 阿联酋

阿联酋是世界石油和天然气储量大国之一，也是原油生产大国之一。油气勘探始于 20 世纪 20 年代，1958 年首次发现具有商业价值的海上石油储藏。其超过 90% 的油气储量位于阿布扎比。迪拜的油气产量在酋长国中位居第二。其他五个酋长国中的四个拥有相对较小的油气产量。阿联酋尽管存在负责制定政策的最高石油委员会，但没有管理石油和天然气行业的全国性法律。相反，每个酋长国都拥有所有石油和天然气资源的全部所有权，并负责监管该行业。各酋长国授予国有石油和天然气公司特许权，然后这些公司授予国际公司在特许权项目公司的少数股权。阿联酋国家石油公司和阿布扎比国家石油公司等国家石油公司制订了企业可持续发展计划。

2. 泰国

泰国的陆上勘探于 1921 年根据《采矿法》开始，经营权仅授予泰国私营部门。海上钻井的第一次申请发生在 1964 年，但第一口海上油井在 1971 年由康菲石油公司钻探，并且未能发现任何碳氢化合物矿床。泰国的石油法和石油所得税法于 1971 年生效。泰国政府已对石油法进行了五次修订，其中大部分涉及安全标准。截至 2015 年底，泰国已有 138 个生产区在海上获批。泰国仍有大量可开采的油气储量。

（三）东南印度洋地区

印尼、马来西亚和澳大利亚是石油生产国。新加坡虽没有已知的储量，但已将自己确立为一个海洋国家，为国际勘探和生产公司提供各种服务。

---

① Sri Lanka Ministry of Petroleum Resource Development, "Exploration History", http：//www. prds－srilanka. com/exploration/origins. faces#.

　　根据澳大利亚的政治制度，各州对海岸 3 海里范围内的石油和天然气活动拥有管辖权，联邦对澳大利亚专属经济区其他地区（即 200 海里范围）内的活动拥有管辖权。每个州都可以在其管辖范围内执行自己的法规。1839 年在澳大利亚发现了第一个碳氢化合物资源，1907 年在西澳大利亚的奥尔巴尼港进行了第一次海上钻探。第一次海上地震勘测于 1959 年在吉普斯兰盆地进行。澳大利亚的石油出口在 21 世纪初达到顶峰，此后一直在下降。目前在五个近海盆地进行生产：西澳大利亚近海的北卡那封、波拿巴和珀斯盆地，以及澳大利亚东南部的吉普斯兰和巴斯盆地。由于石油产量下降，澳大利亚正在尽可能保持其法规的有利条件，以吸引外界对其石油和天然气行业的持续性投资。

　　2012 年，澳大利亚国家海上石油安全和环境管理局成立，以监控海上作业的合规性。该机构编制年度报告，重点介绍所有相关活动，包括报告泄漏数量、违反安全法规的情况、伤害和生命损失。澳大利亚一些较小的生产平台已经淘汰，也正在考虑淘汰一些大型平台。

　　2002 年，澳大利亚与中国建立了澳中天然气技术合作基金项目。自 2005 年以来，该基金为两国培训人员、促进相关研究、交流访问等做出了贡献。该基金的运作由秘书处管理，秘书处在北京和珀斯设有联席主任。澳大利亚与东帝汶签署了联合石油开发区协议。随着巨日升气田（与联合石油开发区重叠）的发现，两国签署了 2007 年生效的《国际利用协定》和《特定海上安排条约》，阻止单方面开发该气田。东帝汶离岸监管机构——国家石油局目前是监管联合石油开发区内活动的指定机构。

第三节　旅游业

旅游业对环印度洋的许多沿海地区都很重要，因为它为相关行业部门的增长和就业提供了巨大的潜力。环印度洋地区是非洲、欧洲、阿拉伯地区和印度、中国等人民和文化的交汇点。海洋旅游为当地人提高收入、改进基础设施和促进社区福祉提供了机会。

一、印度洋沿岸国家旅游业概述

在印度洋沿岸国家中，塞舌尔是最依赖旅游业的经济体，其国内生产总值的21.2%来自旅游业。排名第二和第三的经济体是毛里求斯（11.3%）和泰国（9.0%）。旅游业贡献相对较高的其他经济体是马来西亚（7.2%）、马达加斯加（5.9%）和新加坡（5.3%）。肯尼亚、坦桑尼亚和阿联酋旅游业对国内生产总值的贡献约为4%，其他10个国家的贡献率低于4%。[①] 受经济增长和运输成本降低的推动，前往非洲东部和南部的旅游人数预计将从2010年的1200万人次和1300万人次分别增加到2030年的3700万人次和2900万人次，而前往南亚的旅游人数预计将从1100万增加到3600万。[②] 受不利的经济条件和政治不稳定因素影响，到环印度洋地区旅游的人数出现波动。按照世界标准，印度洋沿岸国家的国际游客数量相对较

---

① Larry Dwyer, "Tourism Development in the Blue Economy: Challenges for Indian Ocean Rim Countries", in Vishva Nath Attri and Narnia Bohler – Muller (eds.), *The Blue Economy Handbook of the Indian Ocean Region*, Africa Institute of South Africa, 2018, p. 300.

② UNWTO, "Tourism Highlights", 2016, https://www.e – unwto.org/doi/pdf/10.18111/9789284418145.

少，这反映了印度洋地区在全球旅游市场上的知名度并不高。在塞舌尔、毛里求斯和科摩罗，旅游业几乎完全由以休闲为主的沿海旅游组成，而其他国家（如南非、马达加斯加、坦桑尼亚和肯尼亚）的旅游产品则更加多样化。

南非是该地区重要的航空和邮轮枢纽，接待了许多有兴趣将野生动物园之旅与海滩目的地相结合的国际游客。旅游业相对成熟、发达的沿海国家包括塞舌尔、毛里求斯、泰国和斯里兰卡。这些国家越来越迎合"大众旅游"，并与不断扩大的第二家园市场相关联。印度洋有许多小岛屿发展中国家和群岛，如毛里求斯、塞舌尔和科摩罗。这些国家面临着相似的社会、经济和环境挑战，这些挑战源于人口少、资源缺少、地处偏远、高度依赖发展援助和国际贸易、基础设施薄弱、旅游业和酒店业缺乏熟练的管理人员和技术人员，以及在应对自然灾害和气候变化影响时的脆弱性。

二、印度洋沿岸国家旅游业可持续发展面临的挑战

许多研究已经确定了海洋旅游对经济、社会和环境可能产生的影响。环印度洋国家的旅游业发展对可持续性的三大支柱（经济、环境和社会）中的每一个都有积极和消极的影响。如果旅游业要以可持续的方式发展，利益相关者应尝试最大限度地发挥潜在的积极特征，同时尽量减少负面影响。这通常需要在规划、发展和政策环境中进行权衡。可持续发展是增强旅游业对经济、社会文化和环境的积极影响，同时尽量减少负面影响的发展。从历史上看，海洋旅游发展面临着可持续经营的各种障碍。如果要为环印度洋地区的发展制定真正可持续的方法，就必须解决几个重大挑战。

（一）快速而不受控制的城市化

许多环印度洋国家的旅游业发展模式通常是在相对无计划和无监管的环境中由市场力量驱动的。发展方向，包括配套基础设施的

类型，通常由政治精英控制，他们在土地分配和治理过程中发挥重要影响。环印度洋国家的旅游业的特点是资源开发控制不力以及对社区生计和福祉的关注不足，尤其是对东非的城市发展产生了许多负面影响，包括海岸退化、海滩和土壤侵蚀、未经处理的污水进入海洋、重要的沿海栖息地遭到破坏、土地饱和以及可用于农业和其他用途的土地减少。在沿印度洋海岸线的许多地区（如肯尼亚、桑给巴尔和莫桑比克），旅游业以随意的方式发展，造成了重大的社会和环境问题。[①]

（二）　缺乏区域合作

环印度洋地区旅游业在产品开发、多国联游、区域内旅游、促销以及培训、质量保证和环境标准等跨领域问题上缺乏区域合作。尽管存在挑战，但一些印度洋国家之间的旅游合作正蓄势待发。由科摩罗、马达加斯加、毛里求斯、留尼汪和塞舌尔组成的香草群岛组织于 2013 年成立，这是朝着在营销和公共关系、产品开发、标准制定和知识共享方面加强区域旅游合作迈出的积极一步。收集统计数据方面的合作（目前仍是一个不平衡和不一致的过程）有望通过提供有用的数据来指导营销工作。印度洋委员会和环印联盟也强调区域旅游一体化是该地区的优先事项。在改善区域航空连通性、能力建设和劳动力开发合作、产品包装合作和联合营销等领域，区域旅游一体化的机会开始出现。[②]

---

① Stefan Gössling, "Towards Sustainable Tourism in the Western Indian Ocean", *Western Indian Ocean Journal of Marine Science*, Vol. 5, No. 1, 2006, pp. 55 – 70.

② World Bank Group, "The Way Forward for Indian Ocean Island Tourism Economies: Is There a Role for Regional Integration?", The World Bank, Washington, D. C., 2013, https://openknowledge.worldbank.org/handle/10986/16641.

（三）旅游业的依赖性

旅游业需求对各种类型的危机（经济、环境和政治）极为敏感。过度依赖旅游业的地区特别容易受到危机的影响，并且在情况发生变化时可能会遭受重大损失。海洋旅游目的地，特别是印度洋地区的小岛国，通常容易受到两种依赖的影响。第一种依赖与作为出口市场的旅游业有关。旅游流量对经济、政治和自然现象非常敏感。第二种依赖发生在旅游市场本身。目的地可能过于依赖来自原产地市场的旅游流入，或特定的旅游产品（如海滩休闲、游艇、观鲸或潜水）。环印度洋地区对旅游业的依赖体现在游客到访的季节性，这与假期期间和原产地市场的天气条件有关。在旅游旺季，目的地可能缺乏足够的能力来提供所需的能源、食物、土地、水和其他可能供不应求的资源。

（四）其他行业对旅游业的影响

与其他地方一样，在环印度洋地区，旅游业与大量其他行业有联系。环印度洋地区非旅游业的运营可能造成栖息地丧失、生物多样性丧失以及对生态系统的影响，从而对海洋旅游产生不利影响。与水产养殖、矿产勘探和开采、油轮泄漏、商船垃圾等相关的活动可能会降低沿海和海上地点对旅游目的的适用性。此外还必须研究新兴海洋产业对旅游业的潜在影响。① 随着其他海洋相关行业的扩张，需要提高对相关影响的认识，包括制定监测和缓解战略，以尽量减少或规避这些影响。

（五）旅游业对其他行业的影响

旅游业本身就是一种超大型产业，包括住宿、交通、餐饮服务、旅游运营、会议、娱乐设施、零售贸易等各具特色但又相互关联的

---

① OECD, "The Ocean Economy in 2030", 2016.

产业。在这方面，旅游业有可能成为印度洋经济增长的重要催化剂。然而，需要注意的是，不断扩大的旅游业会从其他行业汲取资源（土地、劳动力、资本）。此外，旅游业与采矿业、农业和房地产业之间存在资源冲突。因此，在进行旅游规划时需要对目的地产业平衡的影响进行评估。

（六）　运输业

如果国家之间、地区之间以及地区内部没有足够的交通连接，运营商和东道社区就无法充分利用旅游业扩张的潜力来支持当地经济的发展。航空对于环印度洋地区许多海洋目的地的扩张至关重要。印度洋地区许多较偏远的岛屿目的地与大陆地区的交通连接非常差。目前，往返小岛的航班通常有限且成本很高。区域航班的高昂费用对那些有兴趣访问多个印度洋国家的人起到了限制作用。高昂的飞行成本可归因于：未能实施航空自由化政策；一些国家运营商的运营效率低下；高税收；昂贵的手续费；航空公司定价结构未能推动该地区内的多国旅行。虽然印度洋的邮轮旅游潜力很大，但市场仍然有限，并且在过去几年中一直受到海盗活动的影响。另一个问题是港口基础设施有限，这限制了可以接收的船只数量和大小。

第十一章　印度洋蓝色经济开发中的可持续性问题

地球的气候正在发生变化，它正在以危险的速度变暖。人类通过消耗可产生碳排放的化石燃料在一定程度上对这种变化负有责任。可再生能源可能是扭转当前变暖趋势的关键。自20世纪以来，太阳能（光伏）、风能、地热能和生物质能等陆基可再生能源的开发取得了巨大进展。在世界各地，可再生能源正逐渐成为主流能源。进一步扩大可再生能源基础促使人类将目光投向海洋。

第一节　海洋可再生能源

海洋拥有的能量足以满足全球能源总需求的数倍。最近对研发的投资以及技术的进步，使得以几种不同形式利用海洋能源成为可能：波浪能、潮汐能、盐差能、热能、海洋生物燃料和海上风能等。这些能源的主要特征是它们的可再生性，这使得它们成为寻求环保能源以抵消我们对化石燃料依赖的有吸引力的选择。然而，从海洋中提取能源并不便宜。当前研究的重点是寻找经济地利用此类能源并确保其商业可行性的方法。此外，在保护海洋环境的同时确保可持续利用的正确方法、法规和机制尚未制定，更不用说实施了。

一、可再生能源的主要利用方式

（一）波浪能

当风吹过海面时，它的能量被传递给波浪。海浪在海洋表面的运动导致海水不断地垂直运动。这种能量可以以动能的形式加以利用，可用于驱动涡轮机和发电机，并将动能转化为电能。几个世纪以来，波浪能作为一种潜在的能源已经得到认可。1799 年，第一个利用波浪能的专利在法国巴黎申请，目的是利用波浪运动来驱动机械设备。20 世纪 40 年代，日本的增田义夫开发了振荡水柱，这是一种由波浪能驱动的导航浮标。1973 年的石油危机促使科学界对波浪能重新产生兴趣。[①] 从那时起，一些国家在研究方面投入巨资，从而开发了几种波浪能转换装置和技术，如带有空气涡轮的振荡水柱，及带有液压马达、水轮机和线性发电机的振动体。世界各地已经建立了 100 多个试点工厂和示范项目，但只有少数几个准备好进行升级和商业化。鉴于世界各地的波浪状况并非一成不变，而且每个国家的海岸线受到不同波浪状况的影响，因此应谨慎选择正确的技术，并在实施前充分评估其影响。

（二）潮汐能

潮汐能是将潮汐运动产生的能量转化为电能。潮汐是海水在太阳和月球等天体引力作用下，产生的周期性变化。这种吸引力会在海水中产生隆起，迫使海水中部的水流向岸边。当天体在地球的另一边时，吸引力是最小的，海水会退回到海洋中，从而引起潮汐运动。这个过程每天都在发生，这意味着来自潮汐运动的能量是取之不尽的。早在欧洲中世纪时，潮汐就被认为是一种能量形式。潮汐

---

① S. H. Salter, "Wave Power", *Nature*, Vol. 249, 1974, pp. 720 – 724.

能可以通过三种不同的方式加以利用：潮差技术、潮流技术以及两种技术的混合。利用潮汐能的主要挑战是建设堤坝等相关基础设施的成本，以及此类堤坝可能导致的生态风险。

（三）海洋热能转换

海洋热能转换是利用冷的深海水（通常在 800—1000 米的深度）与较暖的浅海水或地表水之间的温差发电的过程。太阳加热地表水并产生蒸汽，蒸汽膨胀并驱动涡轮机发电。冷水将蒸汽冷凝回液体，在系统中再次使用。20 世纪 70 年代，不可再生化石燃料的成本不断增加，推动了人们对海洋能源的兴趣以及对海洋热能转换技术研发的投资。自 21 世纪以来，这一过程受到了极大的关注，尤其是在热带岛屿地区。基于工作流体的海洋热能转换技术主要有两种类型：使用海水的开放循环和使用氨的封闭循环。在开放循环海洋热能转换系统中，温水通过阀门进入闪蒸器，去除盐分的水蒸气驱动涡轮机发电，淡化水被冷海水冷凝，然后可以用作新鲜的饮用水。冷水一旦用于冷凝蒸汽，可进一步用于空调或水产养殖，因为它富含氮和磷酸盐等营养物质。封闭循环海洋热能转换系统使用氨作为工作流体，因为它的沸点低，因此可提供更高的蒸汽压。温水使氨气化，氨气驱动发电机发电，冷水使蒸汽冷凝，然后泵回封闭系统。世界各地已经建造了几家海洋热能转换发电厂，容量从 20 千瓦到 10 兆瓦不等。此类系统的环境影响可能是依赖旅游业的岛国的决定性因素。当大量富含营养的水从海洋底部转移到海面时，可能会带来许多环境风险，这会扰乱海底生态系统并增加海面藻类繁殖的条件。

二、印度洋地区海洋可再生能源开发

印度洋沿岸国家的电力供应程度各不相同：亚洲和东南亚国家的电力供应普遍超过75%，而非洲国家的电力供应在 33.7%（马达加斯加）和 84.4%（南非）之间。① 因此，可再生能源在能源结构中所占的百分比同样因国家而异。最不发达国家仍然落后，很大一部分人口仍然依靠木材和木炭等传统燃料做饭和取暖。这导致了森林资源的破坏，包括红树林和相关的生态系统。此外，生物质的低效燃烧造成室内空气污染，导致人的过早死亡。因此，海洋可再生能源是增加能源供应和开辟能源安全之路具有吸引力的来源，特别是对于严重依赖石油和其他不可再生资源的国家而言。印度洋的条件通常有利于上述不同技术的实施。然而，最大的限制是技术开发水平、成本以及海洋可再生能源技术投资的政治支持。大多数海洋可再生能源技术仍处于示范阶段。除了海上风力涡轮机和潮汐拦河坝，目前尚不存在商业市场。印度洋地区的研发仍然滞后，很少有关于该地区国家所取得进展的数据可以公开获得。澳大利亚是唯一在此类技术的开发和实施方面处于领先地位的国家。

（一）非洲

可再生能源在非洲大陆环印联盟成员国能源结构中的百分比差异很大。一方面，索马里完全不依赖可再生能源，而另一方面，莫桑比克 86.41% 的能源来自可再生能源。南非是该地区电力供应比例最高的国家，可再生能源仅占 2.26%。在岛国中，马达加斯加可再生能源电力比例为 54.60%，其次的毛里求斯为 22.72%，而塞舌尔则为 2.38%，科摩罗的能源结构中没有可再生能源。② 非洲国家拥有广阔的海岸线，从南非到索马里的海岸线长达 10253 千米，仅马

---

① The World Bank, "Access to Electricity", 2020, https：//data. worldbank. org/indicator/EG. ELC. ACCS. ZS？view = map.

② The World Bank, "Renewable Electricity Output（% of Total Electricity Output）", 2015, https：//data. worldbank. org/indicator/EG. ELC. RNEW. ZS？view = map.

达加斯加就有 4828 千米。① 这些岛国拥有广阔的专属经济区，可用于开发海洋可再生能源。西印度洋的条件通常适合大多数形式的海洋能源。该地区已经有几个项目正在实施，大部分处于试验和试点阶段。以色列波浪能开发商"海洋可再生波浪电能"正在南非建设一座 500 兆瓦的发电厂，在肯尼亚建设一座 100 兆瓦的发电厂。在毛里求斯，澳大利亚卡内基波浪能有限公司正在建设一个 1—5 兆瓦的可再生能源微电网，该微电网将由海洋可再生能源供电，并能淡化海水。

（二）中东

在中东，阿曼和也门的能源组合不包括可再生能源，而阿联酋仅 0.23% 的电力来自可再生能源。② 然而，后者计划投资 1630 亿美元开发可再生能源，到 2050 年满足其能源需求的一半左右。③ 在这一地区，太阳能将占可再生能源的大部分。事实上，中东开发海洋能源的潜力相对有限，而其他能源，如风能和太阳能，似乎更可行。在中东地区，伊朗以 5.1% 的比例在其能源结构中拥有最高的可再生能源百分比。④ 长期以来，水力是主要能源，但近几年欧洲公司开始

---

① CIA, "The World Factbook – Coastline", https：//www. cia. gov/the – world – factbook/field/coastline/.

② The World Bank, "Renewable Electricity Output（% of Total Electricity Output）", 2015, https：//data. worldbank. org/indicator/EG. ELC. RNEW. ZS？view = map.

③ "UAE to Invest ＄163bn in Renewable – energy Projects", January 10, 2017, https：//www. aljazeera. com/news/2017/1/10/uae – to – invest – 163bn – in – renewable – energy – projects.

④ The World Bank, "Renewable Electricity Output（% of Total Electricity Output）", 2015, https：//data. worldbank. org/indicator/EG. ELC. RNEW. ZS？view = map.

投资太阳能、风能和地热技术。[①] 评估海洋和湖泊开发潜力的研究似乎很有发展前景，但需要进一步的研究和试点工厂来确定全部潜力和商业可行性。[②]

（三）亚洲

在亚洲的环印联盟成员国中，斯里兰卡在其能源结构中用于发电的可再生能源比例最高（48.48%），而印度则为15.34%。在东南亚，新加坡使用的电力中只有1.82%来自可再生能源，而在马来西亚、泰国和印尼，分别为9.96%、8.54%和16.25%。[③] 该地区的海洋可再生能源既可以增加电力供应，又可以使能源结构多样化。对东南亚不同形式海洋能源潜力的研究表明，鉴于印尼的地理位置、地理范围以及海岸线的长度，印尼可以从潮汐能、波浪能和海洋热能转换中受益匪浅。而马来西亚监测的数据显示，它只有有限的波浪能潜力，但正在研究确定适合潮汐能和海洋热能转换的地点。在泰国，波浪能的潜力也非常有限，但正在进行研究以确定来源和最适合使用的技术。新加坡有潜力建造250兆瓦的潮汐能发电厂，并且每年可以利用盐差能完成100吉瓦时发电量。印度拥有7000多千米的海岸线，可以极大地受益于海洋可再生能源。印度理工学院、马德拉斯和其他地方已经使用观察到的数据和模型进行了大量研究，以确定合适的位置和技术。印度可以提取超过11000兆瓦的潮汐能

① Dominic Dudley, "European Firms Pour Money into Iranian Renewable Energy Projects", 2017, https：//www. forbes. com/sites/dominicdudley/2017/10/24/i-ran － renewable － energy/#69bb79e84d00.

② Farshid Zabihian and Alan S. Fung, "Review of Marine Renewable Energies：Case Study of Iran", *Renewable and Sustainable Energy Reviews*, Vol. 15, No. 5, 2011, pp. 2461 － 2474.

③ The World Bank, "Renewable Electricity Output (% of Total Electricity Output)", 2015, https：//data. worldbank. org/indicator/EG. ELC. RNEW. ZS? view = map.

和 41000 兆瓦的波浪能。[①]

（四） 澳大利亚

可再生能源发电占澳大利亚电力消耗的 13.64%。[②] 尽管已经拥有丰富的化石能源和可再生能源，但澳大利亚正在寻找海洋能源以使其能源结构多样化。在所有国家中，澳大利亚可能是波浪能潜力最大的国家。据估计，澳大利亚可用的总波浪能（基于 25 米、50 米和 200 米等高线的通量）分别为每年 1796 太瓦、2652 太瓦和 2730 太瓦。[③] 澳大利亚可再生能源署的成立旨在加速该国所有不同类型的可再生能源（包括海洋）的开发和实施。澳大利亚可再生能源署对几个波浪能相关项目进行了大量投资。卡内基波浪能有限公司生物动力系统已成功开发并展示了利用波浪能的技术。在西澳大利亚的花园岛海岸外，该公司正在实施一个项目，其依靠一个随着海浪摆动的浮标来产生能量。它还在开发既能产生能源又能淡化水的技术。这些都可以使能源和水资源有限的小岛屿或沿海地区受益。

① Manta D. Nowbuth, Hema Rughoonundun and Prakash C. Khedun, "Ocean Renewable Energy", in Vishva Nath Attri and Narnia Bohler – Muller (eds.), *The Blue Economy Handbook of the Indian Ocean Region*, Africa Institute of South Africa, 2018, p. 339.

② The World Bank, "Renewable Electricity Output (% of Total Electricity Output)", 2015, https://data.worldbank.org/indicator/EG.ELC.RNEW.ZS? view = map.

③ Mark A. Hemer, Stefan Zieger, Tom Durrant, Julian O'Grady, Ron K. Hoeke, Kathleen L. McInnes, Uwe Rosebrock, "A Revised Assessment of Australia's National Wave Energy Resource", *Renewable Energy*, Vol. 114 (Part A), 2017, pp. 85 – 107.

第二节　气候变化

作为用于描述利用海洋和沿海资源以可持续方式刺激经济发展和增长机会的术语，"蓝色经济"一词已在印度洋地区得到迅速传播。该地区各国已确定"蓝色经济"在渔业、海运业、旅游业和矿产领域具有巨大的经济潜力，并正在扩大或制定利用这种潜力的政策，同时加大资源的可持续管理力度。但是，这种对海洋的关注是在一个危险时刻出现的，气候变化已经以多种方式影响着海洋，预计其影响在未来几十年内会加剧和扩大。

一、气候变化及其影响

有关气候变化的情况在很大程度上要归功于 IPCC。通过五份报告，该委员会提供了对气候变化及其影响的全球和区域评估。根据该委员会评估的分析，气候变化对海洋的主要影响有：温暖水域、海洋化学变化和海平面上升。

（一）温暖水域

由于温室气体排放而被困在大气中的热量正被储存于海洋中，一个原因是海洋覆盖了地球的大部分地区，另一个原因是水比陆地更容易改变温度。整个印度洋在 1950—2009 年期间变暖了约 0.5℃，在温暖的月份温度升高了近 0.9℃。阿拉伯湾的温度总体上升了 0.6℃，但在夏季月份的变暖不太明显（升高了 0.3℃），因为阿拉伯湾已经是最温暖的海洋。IPCC 的预测是，到 21 世纪末，印度洋将再升温1—4℃，具体取决于排放量的变化情况。[1] 温暖水域的影响有三个方面：水温的变化会改变生物资源的栖息地；温暖的海水膨胀，导致海平面上升，而且由于冰川和极地冰盖的融化而使海平面进一步上升；海洋—大气界面发生变化，从而改变了天气模式，通常会导致降水增加。

（二）海洋化学变化

大约30%排放到大气中的二氧化碳被溶解到海水中，这改变了水的化学成分，降低了水的 pH 值（即增加了酸度）。[2] 海洋酸化将改变物理和生物过程，影响浮游生物的组成和分布，并间接影响人类渔业；盐度增加，咸水水域增加，弱咸水水域中的盐分减少。这将影响蒸发和降水的水文循环，改变天气模式，而且溶解氧也会发生变化，这可能会影响营养循环和上升流模式。IPCC 评估报告相信尽管存在地区差异，但这些趋势将继续并加剧。根据 IPCC 的说法，全球变暖将导致更频繁的极端事件和更大的海洋生态系统相关风险，在某些情况下（如大规模珊瑚白化和死亡）将会增加沿海生计和粮食安全的风险和脆弱性。[3] 这些影响将在整个世界的海洋中被感受到，但强度不同。印度洋几乎完全位于南纬23度27分处的南回归线和北纬23度27分处的北回归线之间，是世界上最温暖的海洋。印度洋的主要特征之一是印度—太平洋温水池——一条非常温暖的水带，延伸到整个印度洋并进入西南太平洋。这个温水区域以复杂的方式与大气相互作用，影响该地区的天气、生物资源的生态系统

---

① Charles S. Colgan, "Climate Change and the Blue Economy of the Indian Ocean", in Vishva Nath Attri and Narnia Bohler – Muller (eds.), *The Blue Economy Handbook of the Indian Ocean Region*, Africa Institute of South Africa, 2018, p. 351.

② Intergovernmental Panel on Climate Change, *Climate Change 2014: Synthesis Report*, New York: Cambridge University Press, 2014, p. 31.

③ Ove Hoegh – Guldberg, Rongshuo Cai, et al., *The Ocean*, New York: Cambridge University Press, 2014, pp. 1655 – 1731.

以及海平面变化。鉴于印度洋地区的规模和气候变化的复杂性，研究气候与蓝色经济之间所有可能的相关作用是不切实际的。但可以探索产生的两大影响：对生物资源和沿海系统的影响。这些影响是对蓝色经济增长的威胁。即使是海洋温度和化学上的微小变化，也会极大地改变渔业和其他生物资源（如珊瑚礁）的分布和组成。这种变化对印度洋构成重大威胁，印度洋与西太平洋一起占世界捕捞渔业的一半以上。亚洲，包括环印度洋地区的亚洲国家，占世界鱼类收获者和养殖者的五分之四以上；印度洋地区的非洲国家没有占那么多，但渔业提供了非洲国家蛋白质摄入量的三分之二。[①] 渔业将部分因鱼类种群的地理变化和种群规模的变化而改变。这些变化可能是由于栖息地温度和浮游生物丰富度的变化而发生的。这些改变可能会减少种群规模或将种群转移到捕鱼范围之外。这对于在近岸沿海水域从事小规模渔业的人们来说具有更大的影响。渔业范围的变化也会影响水产养殖，因为在印度洋捕获的许多野生鱼是水产养殖的饲料。另一个将受到气候变化显著影响的生物资源是珊瑚礁。珊瑚礁在温暖的水域中生长，但只能忍受很小的温度变化范围。变暖的海水，加上越来越多的酸性化学物质导致珊瑚白化或死亡，依赖珊瑚礁作为栖息地的物种将受到严重影响。珊瑚礁是整个印度洋的主要特征，也是旅游业的基础，特别是在东南部的"珊瑚三角区"以及毛里求斯、塞舌尔和马尔代夫的大洋中部群岛。

（三）海平面上升

印度洋和所有其他海洋的海岸将因气候变化而发生改变，这意味着今天的海岸线将在一个世纪内基本改变。主要的变化因素是海平面上升和河流系统洪水增加。洪水发生的频率、范围和深度增加，在许多地方海岸线因此被完全淹没。间歇性洪水主要由热带气旋驱

---

① Isabelle Niang and Oliver C. Ruppel, *Africa*, New York：Cambridge University Press, 2014, pp. 1199 – 1265.

动，随着时间的推移，热带气旋的频率和强度都会增加。气旋将产生更多的降水，这些降水通过该地区的河流进入沿海地区。因此，海岸将被更高的风暴潮和更多的河流洪水破坏。海浪和风暴潮可以使风暴中海平面上升的规模增加一倍，特别是在印度洋等热带地区。

简而言之，无论是海水变暖、海平面上升、海洋酸化还是其他影响，气候变化将使所有受影响系统（社会和自然）的波动性增加。这意味着关于如何应对气候变化以及何时采取行动的不确定性显著增加。因此，气候变化是任何蓝色经济研究的背景。对气候变化的反应通常分为两大类：减缓和适应。前者表示降低气候变化的可能性或程度，后者表示调整活动以考虑气候变化的已知影响。减缓和适应为评估气候变化对蓝色经济的影响奠定了基础。

二、气候变化对蓝色经济的影响

气候变化对蓝色经济的影响可以大致分为三类：一是现有资源将被破坏，并将改变生产过程；二是现有行业将在减缓和适应方面发挥新作用；三是将创造新的经济机会。

（一）生物资源

对渔业的主要威胁来自海洋温度和化学方面的变化，这将破坏渔业及海洋生态系统的地理分布和丰富度。一般来说，鱼类将从超过特定物种阈值的水域转移，或者像珊瑚礁一样，可能会出现大规模死亡。由此造成的供应中断将减少资源相关部门的产出，包括食物生产和旅游业。生物资源面临的主要挑战显然是适应。渔业从业者的反应将取决于机动性和技术。机动性是将活动转移到鱼类种群移动的地方的能力。技术是捕捞模式的转变，以利用未充分利用的或新的物种。如果可以养殖具有更高温度耐受性的物种，水产养殖的适应潜力可能会高于捕捞渔业，尽管捕捞渔业为水产养殖提供食物的问题仍然存在。贝类水产养殖，尤其是虾，将受到海洋酸化的严重威胁，因为这会抑制贝壳的形成。渔业的主要问题一直是过度捕捞。渔业管理的重点是限制捕捞水平，并越来越多地通过海洋保护区保护特定海洋区域的鱼类可持续性。渔获量加上栖息地的变化可能导致渔业衰退的速度超过管理者的反应速度。

（二）　旅游和休闲

在印度洋大部分地区，沿海旅游和休闲通常是蓝色经济的一小部分，但在大洋中部的小岛屿发展中国家则除外，旅游业对它们至关重要。对于旅游和休闲而言，气候变化造成了三个主要的脆弱性。一是变暖和酸化导致珊瑚礁丧失，二是海平面上升导致海滩和其他海岸线特征丧失，三是私人（如度假村、酒店等）和公共（如道路、码头等）的岸边设施的损失。渔业的适应在很大程度上是随着资源位置或丰富度的变化而改变活动的问题，而旅游业对位置则有着高度的依赖性。因此，主要的适应策略是设法使旅游业保持活力，应对现有资产进行保护，例如在海岸和海洋之间使用屏障，将建筑结构移离海岸线，或人为地维护自然特征，如海滩营养。但随着当地流体动力学的变化，为保护道路、度假屋或酒店而建造的海堤可能会导致海岸线（包括海滩）的丧失。

（三）　海洋建设

海洋建设通常被定义为码头等设施的建造和维修，港口的疏浚，石油和天然气平台等设施的安装。它是一种高度专业化的重型结构。海洋建设最重要的新角色将是构建适应措施，特别是解决洪水和海平面上升的问题。这除了包括海堤等传统结构，还包括恢复湿地、海滩和红树林的努力。在整个印度洋地区，需要对建筑物和基础设施进行大量投资，包括水资源管理和交通运输。在沿海地区，这些投资会进行修改以应对气候变化的影响。如下水道系统必须将一般下水道和风暴下水道分开，并且应尽量减少风暴潮和海平面上升造成的损害。道路需设计更大的涵洞或高架路来适应增加的降水和风暴潮。洪泛区的建筑物可能需要加高或加固，以减少洪水破坏的可能性。这些对建筑和基础设施增加的投资可能占许多国家适应支出的很大一部分。

（四）海上运输和造船

在海上运输方面，港口的岸边基础设施需要适应海平面上升，无论是货运还是客运，都是海洋建设部门必须解决的基础设施问题的一部分。而无论是邮轮还是渡轮，都是旅游业的重要组成部分。造船业是另一个交叉领域。该行业使用的岸上设施需应对海平面上升和沿海洪水问题。港口和造船设施都需要重新设计，以适应这些问题。同时，需要减少船舶的温室气体排放，这需要在船体设计、船舶推进系统和船舶管理方面进行重大创新。[①] 这是世界各地的船舶制造商必须应对的挑战。如果一个地区的船舶制造商能够开发和部署显著减少排放的技术，那么它就有可能获得显著的竞争优势。

（五）蓝碳

海洋是排放到大气中的大部分二氧化碳的储存库。虽然这对温暖水域和海洋化学变化产生影响，但海洋的碳储存能力也有积极的一面。某些沿海生态系统，包括湿地、红树林和海草，其功能与森林基本相同，从大气中去除二氧化碳以换取氧气返回大气。这些生态系统的植物纤维中储存的碳，包括土壤中分解的植物材料，减少了大气中的温室气体总量。生物化学的这一基本事实将以前被认为是荒地的土地转化为潜在的宝贵资源。印度洋在阿拉伯海东海岸、孟加拉湾、非洲和马达加斯加海岸以及澳大利亚西北部海岸地区具有显著的蓝碳潜力。红树林和湿地作为渔业育苗栖息地，也可以起到防洪的重要作用。蓝碳效益与其他效益相结合，将对湿地保护和

---

① European Commission, "EC Funding Gives Green Light to Ambitious IMO Energy – efficiency Project", 2016.

恢复的决策产生影响。

第三节 海洋健康

通过对海洋健康价值的介绍，为在发展蓝色经济中应用可持续性原则提供了理由：海洋的生产性资产正在下降（珊瑚礁）；产量达到顶峰（捕捞渔业）；新出现的全球威胁对一系列生态功能产生了严重但目前未知的影响（海洋酸化）。

一、珊瑚礁

2011 年，珊瑚礁风险评估项目确定，印度洋 65% 以上的珊瑚礁面临当地威胁（沿海开发、海洋污染和 IUU 捕捞、流域污染），30% 以上的珊瑚礁处于高风险或非常高风险等级。[①] 该评估不包括与气候变化相关的威胁，一旦将这些威胁纳入预测，到 2050 年，整个海洋盆地所有珊瑚礁的风险水平将上升至中等或更高等级，东非、印度次大陆、海湾地区和印尼的许多礁区会上升到临界水平。照此趋势发展下去，印度洋的珊瑚礁预计在 2060 年之后不再存活。这一分析引出了一个关键问题：预计印度洋没有任何珊瑚礁可以在2040—2060 年之后存活，除了生物多样性和环境损失之外，那些依赖正常运转的珊瑚礁生态系统的经济和社会部门会发生什么？追求蓝色经济道路需要最大的紧迫性，以尽量减少对珊瑚礁和相关生态系统的威胁。这可以使用双管齐下的方法来实现：（1）尽量减少当地威胁，让珊瑚礁有最好的机会抵御与气候相关的威胁。（2）立即

---

① Lauretta Burke, Katie Reytar and Mark Spalding, "Reefs at Risk Revisited", World Resources Institute, Washington, D. C., 2011, p. 130.

采取行动落实《巴黎气候协定》，更重要的是实现 1.5℃的限制。[①]

二、对海洋健康的威胁

蓝色经济开发需要确保发展对环境影响最小。环境影响的一个关键驱动因素是人口增长。印度洋沿岸的总人口将从 2015 年的 26 亿人增长到 2090 年略高于 37 亿人的峰值。[②] 印度在此期间占主导地位，但尽管其人口以及其他亚洲和北非人口将在 2060—2070 年左右达到顶峰并随后下降，但非洲东部和南部的人口仍将增加。国家内部的移民也是一个重要特征，预计沿海地区的增长率约为国家平均增长率的 2 倍，因为人们被沿海地区的经济和机会所吸引。[③] 50 多年来，印度洋西北部的海湾海域一直是石油和天然气开发的中心。现在，西印度洋的勘探和潜在开发正在加速。仅在莫桑比克领土的海床下发现的天然气就相当于尼日利亚的天然气储量，潜在产量水平接近卡塔尔。[④] 仅这一领域就有能力将东非国家转变为能源出口国，但必须注意确保遵循可持续的蓝色经济道路——避免过度发展对环境造成影响。中印度洋海脊和嘉士伯海脊沿线海底开采贵金属

① UNFCCC, "Paris Agreement of the 21st Conference of the Parties of the United Nations Framework Convention on Climate Change", 2015.

② UNDESA, UN – DOALOS/OLA, IAEA, IMO, IOC – UNESCO, UNDP, UNEP, UNWTO, "How Oceans – and Seas – related Measures Contribute to the Economic, Social and Environmental Dimensions of Sustainable Development: Local and Regional Experiences", 2014.

③ Barbara Neumann, Athanasios T. Vafeidis, Juliane Zimmermann, and Robert J. Nicholls, "Future Coastal Population Growth and Exposure to Sea – Level Rise and Coastal Flooding – A Global Assessment", 2015, https: //journals. plos. org/plosone/article? id =10. 1371/journal. pone. 0118571.

④ Benjamin Augé, "Oil and Gas in Eastern Africa: Current Developments and Future Perspectives", French Institute of International Relations and OCP Policy Center, 2015, p. 27, https: //www. ifri. org/sites/default/files/atoms/files/note_ba_ifri – ocppc_en. pdf.

的潜力巨大，国际海底管理局在此方面做了多项登记。这种采矿活动对海底具有破坏性，因为它涉及刮削海底表面。由于经济和技术障碍，几十年内可能无法进行可行的提取。尽管如此，用于开采的基础正在该行业内建立。制定适当的法规和控制措施以确保对环境的影响最小化，并保护对蓝色经济的其他部门重要的资产，是防止未来损害的当务之急。

三、将海洋健康纳入经济和发展规划

海洋是一个共享和连接的空间。在将海洋和沿海经济活动转变为蓝色经济时，平衡利益相关者的利益至关重要，关注不同利益相关者对海洋健康和资源不同组成部分的依赖至关重要。以下选定的环印联盟成员国的案例研究强调了这种平衡行为。

（一）南非

南非"帕基萨行动"计划于2014年根据总统令启动，旨在释放南非专属经济区的经济潜力。在塞索托语中，"phakisa"的意思是"快点"，强调国家发展的紧迫性。该项目借鉴了马来西亚在"快速大结果"模式方面的经验，汇集了来自国家和地方政府、私营部门、民间组织、劳工组织和学术界的180多名利益相关者。其中，四个重点领域被选为新的增长领域：海洋运输与制造、海上油气勘探、水产养殖和海洋保护服务、海洋治理。这些将被整合到海洋经济可持续增长的治理框架中，该框架将最大限度地提高社会经济效益，同时确保在未来五年内充分保护海洋环境。为确保海洋的健康和海洋经济的长期可持续利益，在海洋治理方面有多方面的目标：加快能力建设；加强和协调执法；建立具有地球观测能力的海洋和海岸信息管理系统；海洋和沿海污染监测；建立覆盖专属经济区5%的海洋保护区代表网络；对海洋空间规划的投资。

（二）塞舌尔

塞舌尔拥有各种各样的岛屿，包括高而潮湿的花岗岩岛，低矮、干旱的珊瑚礁岛，有约 140 万平方千米的广阔专属经济区，[①] 以及丰富的浅海和深海生态系统，位于印度洋金枪鱼洄游的中心。金枪鱼捕捞和加工是该国的主要收入来源。塞舌尔制订了一项富有远见的发展计划，与近海合作伙伴建立港口和罐头厂设施，以确保渔获在全国上岸和加工，从而使增值出口为国民经济带来更多收入。与此同时，遥远的外岛和花岗岩岛为低影响、高价值的旅游提供了多种机会。阿尔达布拉环礁世界遗产地是保存、保护和估价具有国家和全球意义的自然资产的旗舰。在此背景下，塞舌尔政府在其 2012—2020 年发展计划中着手制定蓝色经济规划。

四、将"蓝色"纳入行业视角

海洋可再生能源——风能、太阳能、波浪能和潮汐能——代表了印度洋沿岸国家能源部门的新前沿，目前这些能源部门与传统能源部门（化石燃料，尤其是煤炭）之间存在着巨大的紧张关系，因为各国都在努力预测未来二三十年能源生产和消费的方向。这对必须进行的大规模基础设施投资产生了深远的影响，以提供足够的能源来推动未来的发展。同时，来自化石燃料的高污染水平，包括二氧化碳（与减少气候变化驱动因素有关）和污染物（特别是来自煤炭和石油），要求国家规划者非常仔细地考虑它们对其他海洋经济部门的潜在影响。适用于可以推动所需转型的企业的一个关键观点是

[①] 中国商务部国际贸易经济合作研究院、中国驻塞舌尔大使馆经济商务处、中国商务部对外投资和经济合作司：《对外投资合作国别（地区）指南：塞舌尔》（2021 年版），2021 年，http：//www.mofcom.gov.cn/dl/gbdqzn/upload/saisheer.pdf。

从传统经济原则转向循环经济原则。传统的经济模式本质上是线性的，从大自然中获取原材料，除了使用费之外，通常不需要为原材料本身支付任何费用；原材料在一个线性链中被加工到最终消费品，一系列副产品被视为废物并被倾倒在环境中——没有考虑这些废物对自然或对人的影响。循环模型将原材料视为自然过程的产物，并将所有副产品和最终废物视为下一步过程的输入，从而最大限度地减少废物。这与可持续的蓝色经济方法同义，将生态系统商品和服务视为有限且有价值的投入，并确保将影响和浪费降至最低，以确保可持续性。以商业为导向的循环经济原则与国家蓝色经济规划相结合，为建立从最小企业到区域治理流程可持续经济实践提供了机制。